视频 **+** 全彩图解

室内装饰装修

现场施工

理想·宅 编

化学工业出版社

·北京·

本书根据装饰装修施工的全流程，从整体工序到不同工种的实际操作，按照现场实际进行梳理和列举。全书分为装修施工准备与基础改造、水路施工、电路施工、泥瓦工现场施工、木工现场施工、油漆工现场施工、洁具与灯具安装七部分内容。所有内容围绕现场实际操作展开，介绍每个施工阶段所要进行的具体施工操作，每个具体施工环节涵盖施工要求、工具、材料、施工流程、现场施工重点以及现场快速验收和问题处理等内容。为了便于读者直观的理解，全书内容尽量以图示的形式来说明现场施工过程，并将施工要求简单化、口语化，通过一个个简单易懂的工序点，组合成该阶段的所有内容，其中的重点施工步骤和做法还可以通过扫描二维码观看现场操作视频。本书通过直观的图示让读者了解不同的工序环节，学习现场操作细节，从而更好地掌握装修施工技能。

本书不仅可以作为装修工人的现场操作指南，也可以供装修业主对比监督现场施工质量。

图书在版编目（CIP）数据

视频+全彩图解室内装饰装修现场施工 ／ 理想·宅编.
—北京：化学工业出版社，2018.10（2024.4重印）
ISBN 978-7-122-32821-2

Ⅰ．①视… Ⅱ．①理… Ⅲ．①室内装修-建筑施工-图解 Ⅳ．①TU767-64

中国版本图书馆CIP数据核字（2018）第184374号

责任编辑：彭明兰 王 斌　　　　　　　　装帧设计：张 辉

出版发行：化学工业出版社(北京市东城区青年湖南街13号　邮政编码100011)
印　　装：北京虎彩文化传播有限公司
710mm×1000mm　1/16　印张14½　字数292千字　2024年4月北京第1版第8次印刷

购书咨询：010-64518888　　　　　　　　　售后服务：010-64518899
网　　址：http://www.cip.com.cn
凡购买本书，如有缺损质量问题，本社销售中心负责调换。

定　　价：68.00元
版权所有　违者必究

前言
Preface

　　现在从事装饰装修现场施工的操作工人，大多都是未经过专业训练的人员，不仅数量众多，而且入行门槛极低。在装修行业，施工技能的学习很多还采用"师傅带徒弟"的传统形式，学徒工往往要跟着师傅学习一两年才能正式上手操作。其实装饰装修对于工人的专业水平要求并不高，只要有直观的现场操作示例再加上必要的文字解说，绝大多数没有基础的人也能够学习并掌握现场施工技能。对于想要从事现场施工的人来说，只要能上手干活，就能够快速上岗，也避免了漫长的"学徒"过程。

　　此外，对于装修业主来说，动辄数十天甚至数月的装修施工，进出现场的材料、工人往来不绝，现场也经常是杂乱不堪的，施工过程看上去也很烦琐、复杂，让大多数人觉得难以把控。装修施工之所以让人觉得很难，在于人们对它缺乏了解、没有完整的阶段进程概念，只要将阶段梳理清楚，了解每个阶段该干的事情，抓住现场施工操作的核心环节和必要内容，就可以把控住装修施工质量。

　　本书根据装饰装修施工的全流程，分为装修施工准备与基础改造、水路施工、电路施工、泥瓦工现场施工、木工现场施工、油漆工现场施工、洁具与灯具安装七部分内容。所有内容围绕现场实际操作展开，介绍每个施工阶段所要进行的具体施工操作，每个具体施工环节涵盖施工要求、工具、材料、施工流程、现场施工重点以及现场快速验收和问题处理等内容。为了便于读者直观的理解，全书内容尽量以图示的形式来说明现场施工过程，并将施工要求简单化、口语化，通过一个个简单易懂的工序点，组合成该阶段的所有内容，其中的重点施工步骤和做法还可以通过扫描二维码观看现场操作视频。本书通过直观的图示让读者了解不同的工序环节，学习现场操作细节，从而更好地掌握装修施工技能。

　　参与本书编写的有：武宏达、黄肖、邓毅丰、杨柳、刘雅琪、梁越、李小丽、王军、任雪东、李幽、于兆山、蔡志宏、刘彦萍、张志贵、刘杰、李四磊、孙银青、肖冠军、安平、马禾午、谢永亮、潘振伟、王效孟、陈建华、陈宏、蔡志宏、黄华、何志勇、郝鹏、李卫、林艳云、李广、李锋、李保华、李小丽、刘伟、王力宇、王广洋、许静等人。

　　由于编者水平有限，加之本书脱稿时间仓促，缺点和不足之处在所难免，敬请广大读者指正，以便我们进一步补充和修正。

编者

2018 年 7 月

目录
Contents

第一章
装修施工准备与基础改造

  装修施工开始之前，需要对施工承包方式、装修施工流程以及装修预算有初步的了解，这三个方面确定之后，才可以确定装修施工中的具体项目和内容。最初的施工项目为基础改造，主要内容包括墙体的拆除和砌筑、门窗的拆改。其中，毛坯房的基础改造项目较少，施工简单、快速；二手房的基础改造项目复杂，需要拆除的项目较多，包括墙地砖、木作吊顶、柜体、墙顶面漆、洁具等。但无论进行哪种项目的施工，均需遵循一定的步骤和顺序，以达到事半功倍的效果。

第一节〉装修施工承包

装修施工常见的承包方式有四种，分别是清包、半包、全包和套餐。其中，清包只含施工；半包含施工和部分材料；全包含施工和全部的材料；套餐则是以面积报价，含有施工和指定的材料。

一 承包方式

1. 清包

清包又称包清工，业主需要自己购买所有的装修材料，施工则由装修公司或施工队来完成，业主仅需要支付工钱。

这种承包方式的优点体现在，将材料费用紧紧掌握在业主手中，装修公司材料零利润。如果业主对材料熟悉，就可以买到性价比最高的材料。

这种承包方式的缺点体现在，业主将耗费大量时间和精力在装修中，伴随装修施工的结束，会有身心疲惫的感觉。其次，业主在不了解装修材料的情况下，容易受到商家的欺骗，买到假冒伪劣材料。

如果业主有足够的时间和精力，并且对材料有充分的了解，并且有信心能够完全把握自己房子的每种装修材料的选择，则可以选择这种方式。

2. 半包

半包又称包工包辅料，是指业主自备装修的主材，如地砖、釉面砖、涂料、壁纸、木地板、洁具等，由装修公司或施工队负责装修工程的施工和辅材（水泥、沙子、石灰等）的采购，业主只需与装修公司或施工队结算人工费、机械使用费和辅助材料费。

这种承包方式的优点体现在，业主可以自己控制主材的质量，防止装修公司或施工队从中获利，或使用劣质主材。

这种承包方式的缺点体现在，如果出现装修质量问题，如瓷砖开裂、地板翘边等情况，装修公司或施工队会将问题归咎给业主而不负责维修。

Tips　主材列表

1. 木地板；2. 瓷砖；3. 石材；4. 套装门；5. 推拉门；6. 衣柜；7. 五金配件；8. 橱柜；9. 厨房灶具；10. 洗面柜；11. 卫浴洁具；12. 灯具；13. 热水器；14. 开关插座；15. 壁纸

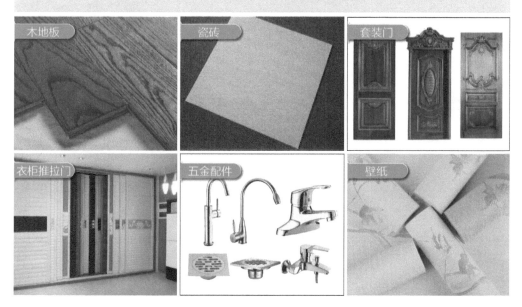

3. 全包

全包又称包工包料，是指除了电器、家具之外的所有主材和辅材，以及施工全部交由装修公司或施工队负责，由其统一报出装修所需要的材料费用和人工费用。

这种承包方式的优点体现在，业主可以节省出大量的时间和精力，不用在装修中劳心劳力。

这种承包方式的缺点体现在，主材的选择受限于装修公司或施工队，选择面没有那么广泛。其主要原因是，装修公司或施工队有常用的材料合作商，而没有合作的品牌业主则不能自由选择。

Tips　辅材列表

1. 水电材料；2. 木器漆；3. 乳胶漆；4. 腻子；5. 石膏粉；6. 各类补缝防裂材料；7. 河砂；8. 水泥；9. 防水材料；10. 线条；11. 木龙骨；12. 轻钢龙骨；13. 石膏板；14. 各类木工板材；15. 铝扣板；16. 各类螺丝、钉子；17. 各类胶水

4. 套餐

套餐是指装修公司将指定的装修材料（包含主材和辅材）和施工以每平方米多少元的价格提供给业主选择。套餐装修费用的计算方式是用建筑面积 X 套餐报价，得到的数值就是装修全款。以建筑面积 100m² 的户型、套餐报价为 488 元 /m² 为例：

装修所需费用（含所有的材料和人工）= 套餐价格 X 建筑面积
$$= 488 \text{ 元 /m}^2 \times 100\text{m}^2 = 48800 \text{ 元}$$

这种承包方式的优点体现在，所有品牌主材全部从厂家直接采购，减少了中间流通环节，降低了主材的价钱，把实惠让利给消费者。

这种承包方式的缺点体现在，因为是固定的套餐模式，所以设计的多样性受限制，材料品牌的可选择性较少。

二 施工合同

1. 施工合同的内容

施工合同的内容包括各方的名称、工程概况、业主的职责、施工方的职责、工期期限、质量及验收、工程价款及结算、材料的供应、安全施工和防火、奖励和违约责任、争议和纠纷处理、合同附件说明。下面将重点内容进行展开说明。

① 工程概况：包括工程名称、地点、承包范围、承包方式等方面的内容。

② 业主的职责：包括给施工方提供图纸或做法说明，办理施工所涉及的各种申请、批件等手续。

③ 施工方的职责：包括拟定施工方案和进度计划，严格按施工规范、防火安全规定、环境保护规定、环保要求规范、图纸或做法说明进行施工。做好质量检查记录、分阶段验收记录，编制工程结算，遵守政府有关部门对施工现场管理的规定。做好保卫、垃圾清理、消防等工作，处理好与周围住户的关系，负责现场的成品保护，指派驻工地管理人员，负责合同履行，按要求保质、保量、按期完成施工任务等。

④ 材料供应的规定：由业主负责提供的材料，施工方应提前 3 天以上通知业主，施工方应在工地现场检验、验收。验收后由施工方保管，保管不当造成的损失由施工方负责，当然也可以适当地要求业主支付一些保管费用。如施工方提供的材料不符合质量要求或规格有差异，则应禁止使用。

⑤ 双方违约责任和工程款及结算约定：必须严格按照双方约定的付款规定进行工程款的支付，在支付每一阶段的款项时，业主都应该自己计算一下工程量是否已经达到付款标准，而不能仅凭感觉就付款。一旦工程款支付超出工程进度而又发生纠纷时，就很难再对装修公司有所约束，还容易导致装修公司多收取费用以及态度不好的情况发生。

⑥ 纠纷处理方式：有第三方监理的可以先让第三方监理调解，如果调解不成，必须注明到什么机构进行协商、调解解决。有以下几种方式可以采用，一是向工商行政管理部门请求帮助处理此事；二是向仲裁机关提请仲裁；三是向当地的法院提起诉讼。

⑦ 在合同中必须注明保修范围及期限。

2. 签订装修合同

（1）约定工期

以两居室面积为 100m² 的房间为例，简单装修工期在 60 天左右，装修公司为了保险，一般会把工期定到 65~70 天，如果着急入住，可以在签订合同时与设计师商榷此条款。

（2）付款方式

不同的地区、不同的装修公司均有不同的付款方式，常见的有如下四种付款方式。

① 先付工程款的 20%，工程完成后付到 80%，工程验收后付到 95%，

装修合同细节

留 5% 的质量保证金，一年后付清。

② 材料进场验收合格支付工程款的 30%，中期验收合格支付 30%，竣工验收合格支付 30%，保洁、清场后支付 10%。

③ 首付 20%，水电完工验收完毕支付 30%，木工、铺砖完毕支付 30%，验收合格后支付 20%。

④ 首付 30%，中期验收合格后支付 30%，木工、铺砖完后支付 20%，最后验收合格支付 15%，一年保修期后支付 5%。

Tips　签订合同条款注意事项

一般情况，当合同中有下列条款时，业主基本可以考虑在合同上签字：

□ 合同中应写明甲乙双方协商后均认可的装修总价

□ 工期（施工和竣工期）

□ 质量标准

□ 付款方式与时间［最好在合同上写清"保修期最少3个月，无施工质量问题，才付清最后一笔工程款（约为总装修款的5%）"］

□ 注明双方应提供的有关施工方面的条件

□ 发生纠纷后的处理方法和违约责任

□ 有非常详细的工程预算书（预算书应将厨房、卫浴间、客厅、卧室等部分的施工项目注明，数量应准确，单价要合理）

□ 应有一份非常全面而又详细的施工图（其中包括平面布置图、顶面布置图、管线开关布置图、水路布置图、地面铺装图、家具式样图、门窗式样图）

□ 应有一份与施工图相匹配的选材表（分项注明用料情况，如墙面瓷砖，在表中应写明其品牌、生产厂家、规格、颜色、等级等）

□ 对于不能表达清楚的部分材料，可进行封样处理

□ 合同中应写有"施工中如发生变更合同内容及条款，应经双方认可，并再签字补充合同"的字样

当合同中下列条款含糊不清时，业主不能在合同上签字：

□ 装修公司没有工商营业执照

□ 装修公司没有资质证书

□ 合同报价单中遗漏某些硬装修的主材

□ 合同报价单中某个单项的价格很低

□ 合同报价单中材料计量单位模糊不清

□ 施工工艺标注得含糊不清

第二节 装修流程

装修流程的重点在于了解不同工种、不同材料的进场顺序，以及彼此之间的关系。掌握这些要点，可以更好地处理装修施工的每一个细节，避免出现施工人员到场，可是却没有装修材料的状况。

一 施工流程

装修施工主要分为以下四个阶段。

① 土建施工：包括墙体拆改、水电改造、瓦工砌筑。

② 基础施工：木工搭建、门窗基层处理、墙面刮腻子、涂刷乳胶漆、壁纸粘贴。

③ 安装工程：厨卫吊顶安装、橱柜安装、木门安装、地板安装、热水器安装、油烟机安装、五金洁具安装、窗帘杆安装、开关插座安装、灯具安装。

④ 收尾处理：保洁进场、家具进场、家电安装、软装配饰进场及安装。

装修基本施工流程可参考下图。

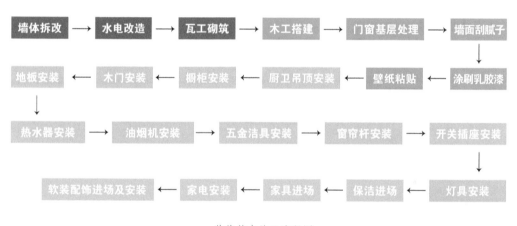

装修基本施工流程图

■ 土建施工； ■ 基础施工； ■ 安装工程； ■ 收尾处理

二 不同工种进场顺序

1. 土建施工

土建阶段不同工种施工流程及内容如下表所示。

施工流程	内容	工种进场
墙体拆改	墙体拆除、砌筑与抹灰、垃圾清运	力工、泥瓦工

续表

施工流程	内容	工种进场
水电改造	施工项目：定位、画线、开槽、铺管道、封槽、涂刷防水 准备材料：水管、电线、管材配件、开关插座暗盒、钉子、胶带等 准备工具：水平尺、冲击钻、开槽机、打压泵、万用表、锤子、螺丝刀等	水电工、泥瓦工（涂刷防水）
瓦工砌筑	地面找平、铺地砖、贴墙砖、砌墙、抹灰、包立管	泥瓦工

2. 基础施工

基础施工阶段不同工种施工流程及内容如下表所示。

施工流程	内容	工种进场
木工搭建	制作吊顶、制作背景墙、现场打柜、封隔墙、包门套及窗套、装踢脚线	木工
门窗基层处理	套装门口、推拉门口的墙面平整度处理，以及窗台板、窗户侧边框的墙面平整度处理	泥瓦工或木工
墙面刷漆	基层处理、打石膏、刮腻子、刷乳胶漆、刷木作漆	油漆工
壁纸粘贴	在墙面基层处理好之后，就可以粘贴壁纸。粘贴时，现场不可以有灰尘	壁纸商家、专业工人

3. 安装工程

安装工程施工阶段不同工种施工流程及内容如下表所示。

施工流程	内容	工种进场
厨卫吊顶安装	吊顶安装的同时，安装厨卫灯具及浴霸	集成吊顶厂家

施工流程	内容	工种进场
橱柜安装	先安装地柜，再安装吊柜，最后安装大理石台面	橱柜厂家
木门安装	先固定门套，再安装木门以及把手、门锁等五金。窗套也可由木门厂家制作安装	木门厂家
地板安装	地板安装要顺着房间长向铺设，地板切割要在楼道进行，防止灰尘	地板厂家
热水器安装	在安装吊顶前，先安装热水器。安装在卫生间或厨房	商家
油烟机安装	与橱柜同一天安装，方便双方协商	商家
五金洁具安装	安装由里到外，由大到小，便于施工	洁具厂家
窗帘杆安装	窗帘杆安装好前，窗帘先不要进场	木工
开关插座安装	安装要平整，不可歪斜，安装后要通电测试	电工
灯具安装	先组装，打膨胀螺栓，再安装灯具	灯具厂家、电工（安装简易灯）

4. 收尾处理

收尾处理阶段不同工种施工流程及内容如下表所示。

施工流程	内容	工种进场
保洁进场	擦玻璃，清理卫生，地砖补缝。此时家里不要有家电之类占空间的器具，保证更多空间被清理打扫	保洁公司
家具进场	按照设计图案摆放在合理位置	家具厂家

视频 + 全彩
图解室内装饰装修现场施工

续表

施工流程	内容	工种进场
家电安装	安装好之后通电测试	商家
软装配饰进场及安装	在设计师的帮助下摆放、安装	商家

三 主要材料进场顺序

主要材料进场顺序可参考下表进行购买。

名称	图解	建议购买时间	备注
防盗门		开工前	如果是新房或之前未安装防盗门的二手房，为了保证财产安全，最好一开工就安装防盗门。防盗门一般需要半个月左右的定做时间
水泥、沙子、腻子、龙骨、石膏板、水泥板、白乳胶、原子灰、砂纸、滚刷、毛刷、手套、口罩等	水泥板	开工前	一开工就能运到工地，一般不需要提前预订
橱柜		墙体改造完	墙体改造完毕就需要商家上门测量，确定设计方案，其方案还可能影响水电改造方案
热水器、小厨宝	小厨宝	水电改造前	其型号和位置会影响水电改造方案和橱柜设计方案

续表

名称	图解	建议购买时间	备注
浴缸、淋浴房	浴缸	水电改造前	其型号和位置会影响水电改造方案
洗菜槽、洗脸盆	洗菜槽	橱柜设计前	其型号和位置会影响水改方案
油烟机		橱柜设计前	其型号和位置会影响电改方案
排风扇、浴霸	浴霸	电改前	其型号和位置会影响电改方案
散热器或地暖系统	地暖分、集水器	开工前	墙体改造完毕需商家上门改造供暖管道
套装门		墙体改造完	联系商家上门测量
塑钢门窗		墙体改造完	联系商家上门测量

续表

名称	图解	建议购买时间	备注
PPR（三丙聚乙烯）管、PVC（聚氯乙烯）管以及相关配件	PPR 管	水改前	墙体改造完毕开始水电改造，需要提前确定改造方案和准备相关材料
电路相关材料	电线	电改前	墙体改造完毕开始水电改造，需要提前确定改造方案和准备相关材料
防水材料	防水表层涂料	泥瓦工入场前	水电改造完毕后，卫生间需要涂刷防水
瓷砖、勾缝剂	勾缝剂	泥瓦工入场前	瓷砖的数量要备份出一些，防止损耗
石材	大理石线条	泥瓦工入场前	窗台、地面、过门石、踢脚线都可能用石材，一般需要提前三四天确定尺寸并预订
地漏		泥瓦工入场前	泥瓦工铺地砖同时安装地漏
吊顶材料	石膏线	木工进场前	泥瓦工贴完瓷砖三天左右就可以进行吊顶，需要提前三四天确定吊顶尺寸并预订

续表

名称	图解	建议购买时间	备注
乳胶漆、油漆	油漆	油漆工进场前	墙体基层处理完毕就可以刷乳胶漆
大芯板等板材及钉子	大芯板	木工进场前	不需要提前预订
壁纸		油漆工施工过程中	提前预订出壁纸数量
地板		较脏的工程完毕后	一般需要提前一周订货
门锁、门吸、合页等	门把手	木门安装时	不需要提前预订
玻璃胶及胶枪	玻璃胶	洁具安装前	五金洁具需要用玻璃胶密封
五金洁具		安装阶段	一般款式不需要提前预订，如有特殊要求可提前一周预订

续表

名称	图解	建议购买时间	备注
灯具		安装阶段	一般款式不需要提前预订，如有特殊要求可提前一周
插座、开关面板	开关	安装阶段	一般不需要提前预订
地板蜡、石材蜡	地板蜡	保洁前	供保洁人员使用

第三节 装修预算

　　装修预算想要计算准确，首先需要对房屋面积、各项材料所使用的数量有准确的了解，掌握房屋面积和材料数量的计算方法，可避免出现报价单中的面积与实际面积不符的情况。另外，一份完整的预算报价单，是装修预算的核心内容，了解报价单的内容以及结构，可更好地掌握装修预算的计算方法。

一 装修面积计算

　　准备一把钢卷尺，最好是 6m 长的，如果尺太短要分许多次量度，十分麻烦。准备一些 A3 或 A4 白纸、几支不同颜色的笔，例如，铅笔（要 HB 的）和蓝、红、黑色纤维笔（圆珠笔也可以）等，还有橡皮。

　　先在白纸上把要量度的房间用铅笔画出一张平面草图，只是用眼来观察，用手简单画，不要使用尺。可从大门口开始，一个一个房间连续画过去。把全屋的平面画在同一张纸上，不要一个房间画一张。记得墙身要有厚度，门、窗、柱、洗手盆、浴缸、灶台等一切固定设备要全部画出，画错了擦去后改正。草图不必太准确，样子差不多即可，但不能太离谱，长形不要画成方形，方形不要画成扁形。

画完草图才能测量。使用钢卷尺放在墙边、地面测量。

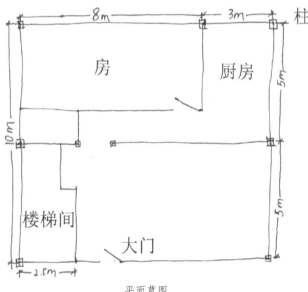

平面草图

在每个房间内顺（或逆）时针方向一段一段测量，量一次马上用蓝色笔把尺寸写在图上相应的位置。用同样办法量度立面尺寸，即门、窗、空调器、天花板、灶台、面盆柜等高度，记录下来。用红色笔在平面图和立面图上写上原有水电设施位置的尺寸（包括开关、天花灯、水龙头和燃气管的位置，电话及电视出线位等）。

二 材料用料计算

1. 墙面材料计算方法

墙面（包括柱面）的装饰材料一般包括涂料、石材、墙砖、壁纸、软包、护墙板、踢脚线等。计算面积时，材料不同，计算方法也不同。

① 涂料、壁纸、软包和护墙板的面积按长度乘以高度，单位以"m^2"计算。长度按主墙面的净长计算；高度：无墙裙者从室内地面算至楼板底面，有墙裙者从墙裙顶点算至楼板底面；有顶棚的从室内地面（或墙裙顶点）算至顶棚下沿再加20cm。门、窗所占面积应扣除，但不扣除踢脚线、挂镜线、单个面积在 $0.3m^2$ 以内的孔洞面积和梁头与墙面交接的面积。

② 镶贴石材和墙砖时，按实铺面积以"m^2"计算。

③ 安装踢脚线长度按房屋内墙的净周长计算，单位为"m"。

2. 顶面材料计算方法

顶面（包括梁）的装饰材料一般包括涂料、吊顶、顶角线（装饰角花）及采光

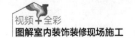

顶面等。顶面施工的面积均按墙与墙之间的净面积以"m²"计算，不扣除间壁墙、穿过顶面的柱、垛和附墙烟囱等所占面积。顶角线长度按房屋内墙的净周长以"m"计算。

3. 地面材料计算方法

地面的装饰材料一般包括木地板、地砖（或石材）、地毯、楼梯踏步及扶手等。

① 地面面积按墙与墙间的净面积以"m²"计算，不扣除间壁墙、穿过地面的柱、垛和附墙烟囱等所占面积。

② 楼梯踏步的面积按实际展开面积以"m²"计算，不扣除宽度在 30cm 以内的楼梯所占面积。

三 装修预算报价

预算单通常为 Excel 格式，内容涵盖了拆除工程、土建工程、瓷砖砌筑工程、木作吊顶工程、油漆工程、安装工程、水电工程以及工程间接费（含有垃圾清运费、材料上楼费、管理费、保洁费和环保监测费）共八个方面。在常见的预算单中，通常会以空间来区分不同的施工项目，具体如下图所示。

某装修公司工程预算报价书

客户姓名：　　　　工程地址：　　　　装修公司地址：

编号	分部分项工程名称	主材及辅材 品牌、规格、型号、等级	单位	工程量	单价（元）			合价（元）		备注说明
					主材	辅材	人工	合计	总计	
一	**拆除工程**									
1	拆除砖墙（12cm）	半砖墙、人工、工具（必须提供房屋安全鉴定书）	m²	0	0	0	40	40	0	以房屋鉴定中心鉴定后按实际计算
	拆除砖墙（24cm）	一砖墙、人工、工具（必须提供房屋安全鉴定书）	m²	0	0	0	45	45	0	以房屋鉴定中心鉴定后按实际计算
	拆除木门、木窗	含钢门、钢窗及玻璃门等、工具、人工	扇		0	0	14	14	0	
2	铲除原墙面批灰（根据实际情况）	工具、人工（铲墙后必须刷环保型胶水）	m²	0.00			3.5	3.5	0	刷环保型胶水费用另计
3	铲除原顶面批灰（根据实际情况）	工具、人工（铲墙后必须刷环保型胶水）	m²	0.00			3.8	3.8	0	刷环保型胶水费用另计
4	滚刷环保型胶水	墙面满涂刷环保型胶水，工具、人工	m²	0.00	3.5	1.6		5.1	0	波士胶丽墙宝产品
5	打洞（直径4cm内）	机器、工具、人工（如铺设水管、电管、下水管用孔）	只	0.00			22	22	0	
6	打洞（直径6cm内）	机器、工具、人工（如热水器孔、挂机空调孔）	只	0.00			28	28	0	空调孔斜打费用翻倍
7	打洞（直径10cm内）	机器、工具、人工（如浴霸排风扇孔、柜机空调孔）	只	0.00			35	35	0	混凝土（墙、柱子、梁）加10元；空调孔斜打费用翻倍
8	打洞（直径16cm内）	机器、工具、人工（如脱排油烟机孔）	只	0.00			50	50	0	混凝土（墙、柱子、梁）加10元
9	开门洞	洞口尺寸 850×2100 以内，工具人工	只	0	0	0	150	150	0	超出部分按洞面积同比例递增
	小计								0	
二	**土建工程**									
1	线管开槽、粉槽费	弹线、机械切割、灰尘清理、浇水湿润、成品砂浆刷	m	0.00	4	2	3	9	0	宽度3cm内，每增宽2.5cm增加人工费2元/m
2	混凝土墙顶面线管开槽、粉槽费	弹线、机械切割、灰尘清理、浇水湿润、成品砂浆刷	m	0.00	4	3	6	13	0	宽度3cm内，每增宽2.5cm增加人工费4元/m
3	砌墙（一砖墙）	八五砖、地产 P.O.32.5 等级水泥、黄砂、工具、人工	m²	0.00	70	35	40	145	0	
4	砌墙（半砖墙）	八五砖、地产 P.O.32.6 等级水泥、黄砂、工具、人工	m²	0.00	35	25	35	95	0	
5	新砌墙体粉刷（单面）	地产 P.O.32.5 等级水泥、黄砂、2cm 以内	m²	0.00	9.5	6	11.5	27	0	

编号	分部分项工程名称	主材及辅材 品牌、规格、型号、等级	单位	工程量	单价（元）			合价（元）		备注说明
					主材	辅材	人工	合计	总计	
6	封门头	木龙骨、"拉法基"防火石膏板（双面）	只		15	11	24	50	0	墙厚24cm以内、0.8×0.5m 内
7	石膏板双面隔断	拉法基家装专用轻钢龙骨、"拉法基"纸面石膏板、人工	m²		57	27	36	120	0	
8	成品门套基础制作	木工板基础、工具、人工	m	0.00	35	0	30	65	0	宽30cm内，超出按同比例递增
9	落水管砌封及粉刷	砖砌展开面积不大于40cm宽、成品砂浆、人工	根	0.00	36	45	74	155	0	大于40cm 按一一砖墙计算
10	门槛处（花岗石）防水条	暂定30cm以内坑灰大理石、人工辅料	m	0.00	72	12	20	104	0	配合地面插口使用、单企口加 10 元/m
11	大理石磨边	注：门槛石磨单边	m	0.00			14	14	0	石材精磨加 8 元/m
	注：有异型弧形的尺寸按最低与最高拉直的宽度直算、磨边乘 2 倍									
	小计								0	
三	厨房									
1	顶面集成板	"摩恩集成顶"300×300覆模扣板（配灯具，暖风另计）	m²	0.00	78	0	0	78	0	主材单价根据客户选定的型号定价（活动价）
	顶面集成板损耗 5%	"摩恩集成顶"300×300覆模扣板（配灯具，暖风另计）	m²	0.00	78	0	0	78	0	按现场实际损耗计算（活动价）
	顶面集成板安装	轻钢龙骨、人工、辅料（配套安装）	m²		0	35	25	60	0	
2	顶角卡口线条	收边线 白色/银色	m		25	0		25	0	主材单价根据客户选定的型号定价
	顶角卡口线条损耗 10%	收边线 白色/银色	m		25	0		25	0	
	顶角卡口线条安装		m²		0	0	3	3	0	
	具体板材颜色、型号、配套灯具以经销商图纸及价格确认单为准							0	0	
3	厨房、卫生间水泥砂浆垫高找平（铺砖用此项）	P.O 32.5 等级水泥、黄砂、人工、5cm 以内	m²		17	0	10	27	0	每增高 1cm，加材料费及人工费 4 元/m²
4	地面砖（主材）	300×300（按选定的品牌、型号定价）	m²		130	0		130	0	可选"欧神诺、特地、汇德邦、圣.凡尔赛"等、填缝剂另计
	地面砖损耗 5%	300×300（按选定的品牌、型号定价）	m²		130	0		130	0	斜贴、套色铺贴损耗按现场实际损耗计算
5	地面砖铺贴（辅材及人工）	P.O 32.5 等级水泥、黄砂、人工	m²		0	22	26	48	0	斜贴、套色人工费加 20 元/m²; 小砖另计
6	竞砖专用填缝剂	"德高"（高级防霉彩色填缝剂）	m²		4	0	2	6	0	
7	墙面砖（主材）	300×450（按选定的品牌、型号定价）	m²		88	0		88	0	可选（欧神诺、特地、汇德邦、圣.凡尔赛等）、填缝剂另计
	墙面砖损耗 5%	300×450（按选定的品牌、型号定价）	m²		88	0		88	0	斜贴、套色铺贴损耗按现场实际损耗计算
8	墙面砖贴（辅材及人工）	P.O 32.5 等级水泥、黄砂、人工	m²		0	22	26	48	0	斜贴、套色人工费加 20 元/m²; 小砖另计
9	瓷砖专用填缝剂	"德高"（高级防霉彩色填缝剂）	m²		4	0	2	6	0	
10	墙面花砖	300×450（按选定的品牌、型号定价）	片		0	2	4	6	0	
11	腰线条	80×330 砖（按选定的品牌、型号定价）	片		0	2	2	4	0	
12	墙面倒角	机械切割、45°、拼角、工具人工	m				20	20	0	
13	厨房不锈钢水槽及水龙头安装	普通型、防霉硅胶、人工（不含主材）	套	0.00	0	0	80	80	0	
14	现场施工成品保护膜	"清风"专用保护膜（成品保护必须使用）	m²	0.00	3	0.5	1.5	5	0	公司现场管理人员必须严格执行保护
	小计								0	
四	卫生间									
	外卫生间									
1	顶面集成板	"摩恩集成顶"300×300覆模扣板（配灯具，暖风另计）	m²	0.00	78	0	0	78	0	主材单价根据客户选定的型号定价（活动价）
	顶面集成板损耗 5%	"摩恩集成顶"300×300覆模扣板（配灯具，暖风另计）	m²	0.00	78	0	0	78	0	按现场实际损耗计算（活动价）
	顶面集成板安装	轻钢龙骨、人工、辅料（配套安装）	m²		0	35	25	60	0	
2	顶角卡口线条	收边线 白色/银色	m		25	0		25	0	主材单价根据客户选定的型号定价
	顶角卡口线条损耗 10%	收边线 白色/银色	m		25	0		25	0	
	顶角卡口线条安装		m²		0	0	3	3	0	
	具体板材颜色、型号、配套灯具以经销商图纸及价格确认单为准								0	
3	厨房、卫生间水泥砂浆垫高找平（铺砖用此项）	P.O 32.5 等级水泥、黄砂、人工、5cm 以内	m²		17	0	10	27	0	每增高 1cm，加材料费及人工费 4 元/m²
4	地面砖	300×300（按选定的品牌、型号定价）	m²		130	0		130	0	可选（欧神诺、特地、汇德邦、圣.凡尔赛等）、填缝剂另计
	地面砖损耗 5%	300×300（按选定的品牌、型号定价）	m²		130	0		130	0	斜贴、套色铺贴损耗按现场实际损耗计算
5	地面砖贴	P.O 32.5 等级水泥、黄砂、人工	m²		0	22	26	48	0	斜贴、套色人工费加 20 元/m²; 小砖另计
6	竞砖专用填缝剂	"德高"（高级防霉彩色填缝剂）	m²		4	0	2	6	0	
7	墙面砖	300×450（按选定的品牌、型号定价）	m²		88	0		88	0	可选（欧神诺、特地、汇德邦、圣.凡尔赛等）、填缝剂另计
	墙面砖损耗 5%	300×450（按选定的品牌、型号定价）	m²		88	0		88	0	斜贴、套色铺贴损耗按现场实际损耗计算
8	墙面砖铺贴	P.O 32.5 等级水泥、黄砂、人工	m²		0	22	25	47	0	斜贴、套色人工费加 20 元/m²; 小砖另计
9	瓷砖专用填缝剂	"德高"（高级防霉彩色填缝剂）	m²		4	0	2	6	0	
10	墙面花砖	300×450（按选定的品牌、型号定价）	片		0	2	4	6	0	
11	腰线条	80×330 砖（按选定的品牌、型号定价）	片		0	2	2	4	0	
12	墙面防水（面积按展开面积计算）	"德高"通用型 K11 防水涂料、防水高度沿墙面上翻 30cm（含淋浴房后面）	m²	0.00	52	0	8	60	0	涂刷浴缸、淋浴房墙面不得低于 1.8m 高度
13	车边防雾镜及安装	5mm 车边镜、防霉硅胶、双面胶、人工	m²	0.00	156	8	35	199	0	
14	台盆	伊奈、斯洛美样式按指定型号定价	只	0.00	650			650	0	
15	台盆龙头	伊奈、斯洛美样式按指定型号定价	只	0.00	1260			1260	0	
16	坐便器	伊奈、斯洛美样式按指定型号定价	只	0.00	1500			1500	0	
17	台盆、马桶、龙头安装	防霉乳白硅胶、工具、人工	套	0.00	0		197	197	0	
18	二拉门（移门）	8mm 钢化、边框型材暂定钛合金 XR-1	m²	0.00	432	0	0	432	0	宽度不限、限高 2m

编号	分部分项工程名称	主材及辅材 品牌、规格、型号、等级	单位	工程量	单价（元） 主材	辅材	人工	合价（元） 合计	总计	备注说明
19	淋浴房挡水条	中国黑天然花岗石 9cm×8cm（配套安装）	m	0.00	85	5	15	105	0	
	大理石磨单边	注：门槛石磨单边	m	0.00	0	0	13	13	0	石材精磨加 8 元/m
20	淋浴龙头	按具体品牌、型号定价	只	0.00	1300	0	0	1300	0	
	淋浴房龙头安装	防霉乳白硅胶、工具、人工	只	0.00	0	0	28	28	0	
21	地漏及安装	"高得宝" 两用隔臭地漏（不锈钢）	只	0.00	38	0	10	48	0	
22	现场施工成品保护膜	"清风" 专用保护膜（成品保护必须使用）	m²	0.00	3	0.5	1.5	5	0	公司现场管理人员必须严格执行保护
	小 计								0.00	
	主卧内卫生间									
1	顶面集成板	"摩恩集成顶" 300×300 覆膜扣板（配灯具，暖风另计）	m²		78	0	0	78	0	主材单价根据客户选定的型号定价（活动价）
	顶面集成板损耗 5%	"摩恩集成顶" 300×300 覆膜扣板（配灯具，暖风另计）	m²		78	0	0	78	0	按现场实际损耗计算（活动价）
	顶面集成板安装	轻钢龙骨、人工、辅料（配套安装）	m²		0	35	25	60	0	
2	顶角卡口线条	收边线 白色/银色	m		25	0	0	25	0	主材单价根据客户选定的型号定价
	顶角卡口线条损耗 10%	收边线 白色/银色	m		25	0	0	25	0	
	顶角卡口线条安装	人工	m		0	0	3	3	0	
	具体板材颜色、型号、配套灯具以经销商图纸及价格确认单为准							0	0	
3	厨房、卫生间水泥沙浆垫层高找平（铺砖用此项）	P.O 32.5 等级水泥、黄砂、人工、5cm 以内	m²		17	0	10	27	0	每增高 1cm，加材料费及人工费 4 元/m²
4	地面砖	300×300（按选定的品牌、型号定价）	m²		130	0	0	130	0	可选 "欧神诺、特地、汇德邦、圣·凡尔赛" 等，填缝剂另计
	地面砖损耗 5%	300×300（按选定的品牌、型号定价）	m²		130	0	0	130	0	斜贴、套色铺贴损耗按现场实际损耗计算
5	地面砖铺贴	P.O 32.5 等级水泥、黄砂、人工	m²		0	22	26	48	0	斜贴、套色人工费另加 20 元/m²；小砖另计
6	瓷砖专用填缝剂	"德高"（高级防霉彩色填缝剂）	m²		4	0	2	6	0	
7	墙面砖	300×450（按选定的品牌、型号定价）	m²		88	0	0	88	0	可选 "欧神诺、特地、汇德邦、圣·凡尔赛" 等，填缝剂另计
	墙面砖损耗 5%	300×450（按选定的品牌、型号定价）	m²		88	0	0	88	0	斜贴、套色铺贴损耗按现场实际损耗计算
8	墙面砖铺贴	P.O 32.5 等级水泥、黄砂、人工	m²		0	22	26	48	0	斜贴、套色人工费另加 20 元/m²；小砖另计
9	瓷砖专用填缝剂	"德高"（高级防霉彩色填缝剂）	m²		4	0	2	6	0	
10	墙面花砖	300×450 砖（按选定的品牌、型号定价）	片		0	2	4	6	0	
11	腰线砖	80×30 砖（按选定的品牌、型号定价）	片		0	2	4	6	0	
12	地面防水（面积按展开面积计算）	"德高" 通用型 K11 防水浆料、防水高度沿墙面上翻30cm（含淋浴房后面）	m²		52	0	8	60	0	涂刷浴缸、淋浴房墙面不得低于 1.8m 高
13	车边防雾镜及安装	5mm 车边镜、防霉硅胶、双面胶、人工	m²		156	8	35	199	0	
14	台盆	伊奈、斯洛美样式待定按型号定价	只		650	0	0	650	0	
15	台盆龙头	伊奈、斯洛美样式待定按型号定价	只		1260	0	0	1260	0	
16	座便器	伊奈、斯洛美样式待定按型号定价	只		1500	0	0	1500	0	
17	台盆、马桶、龙头安装	防霉乳白硅胶、工具、人工	套		0	0	197	197	0	
18	二拉门（移门）	8mm 钢化、边框型材暂定钛合金 XR-1	m²		432	0	0	432	0	宽度不限，限高 2m
19	淋浴房挡水条	中国黑天然花岗石 9cm×8cm（配套安装）	m		85	5	15	105	0	
	大理石磨单边	注：门槛石磨单边	m		0	0	13	13	0	石材精磨加 8 元/m
20	淋浴龙头	（按具体品牌、型号定价）	只		1300	0	0	1300	0	
	淋浴房龙头安装	防霉乳白硅胶、工具、人工	只		0	0	28	28	0	
21	地漏及安装	"高得宝" 两用隔臭地漏（不锈钢）	只		38	0	10	48	0	
22	现场施工成品保护膜	"清风" 专用保护膜（成品保护必须使用）	m²		3	0.5	1.5	5	0	公司现场管理人员必须严格执行保护
	小计								0.00	
五	阳台									
1	水泥砂浆垫高找平（铺砖用此项）	P.O 32.5 等级水泥、黄砂、人工、5cm 以内	m²		17	0	10	27	0	每增高 1cm，加材料费及人工费 4 元/m²
2	地面砖	300×300（按选定的品牌、型号定价）	m²		50	0	0	50	0	主材单价按客户选定的具体规格、型号定价，填缝剂另计
	地面砖损耗 5%	300×300（按选定的品牌、型号定价）	m²		50	0	0	50	0	可选品牌 "泉隆、圣·凡尔赛"
	地面砖贴饰	P.O 32.5 等级水泥、黄砂、人工	m²		0	22	25	47	0	
	瓷砖专用填缝剂	"德高"（高级防霉彩色填缝剂）	m²		4	0	2	6	0	
3	地面防水（面积按展开面积计算）	"德高" 通用型 K11 防水浆料、防水高度沿墙面上翻30cm（含淋浴房后面）	m²		52	0	8	60	0	涂刷浴缸、淋浴房墙面不得低于 1.8m 高
4	拖把池安装	防霉乳白硅胶、人工	只		0	0	45	45	0	主材甲供
5	地漏及安装	"高得宝" 两用隔臭地漏（不锈钢）	只		38	0	10	48	0	
6	现场施工成品保护膜	"清风" 专用保护膜（成品保护必须使用）	m²		3	0.5	1.5	5	0	公司现场管理人员必须严格执行保护
	小计								0	
六	客厅、餐厅、卧室									
1	顶面吊顶（平面）	拉法基家装专用 50 轻钢龙骨、拉法基石膏板、局部木龙骨	m²	0.00	44	30	26	100	0	共享空间吊顶超出 3m，高空作业加 45 元/m²
	顶面吊饰（凹凸）按展开面积计算	拉法基家装专用 50 轻钢龙骨、拉法基石膏板、局部木龙骨	m²	0.00	52	38	32	122	0	共享空间吊顶超出 3m，高空作业加 45 元/m²
	顶面吊饰（拱形）按展开面积计算	拉法基家装专用 50 轻钢龙骨、拉法基石膏板、局部木龙骨	m²		58	42	48	148	0	共享空间吊顶超出 3m，高空作业加 45 元/m²
2	窗帘盒安装	细木工板基层、石膏板、工具、人工	m		26	8	16	50	0	

编号	分部分项工程名称	主材及辅材 品牌、规格、型号、等级	单位	工程量	单价（元）主材	辅材	人工	合价（元）合计	总计	备注说明
3	灯槽	木工板、木龙骨、石膏板、工具、人工	m		8	2	15	25	0	
4	地面免漆木地板（不含卡件）	"先锋"香龙眼实木地板（910×120×18）型号待定	m²	0	280	0	0	280	0	主材单价、按客户选定品牌型号定价 可选品牌"方圆、宏耐"
5	地面免漆板损耗5%	"先锋"香龙眼实木地板（910×120×18）型号待定	m²		280	0	0	280	0	非正方形房间损耗加10%，异形损耗另计
	木地板铺设（先锋专用）（卡件安装）	面层铺设、含卡件、螺丝钉、木地板龙骨间距为间距22.75~25cm	m²		0	19	49	68	0	厂家铺装（适用于实木地板）
6	配套踢脚线	"先锋"木地板配套踢脚线（配套安装）	m		25	0	4	29	0	根据具体木材品种定价
	踢脚线损耗10%	"先锋"配套踢脚线	m		25			25	0	
7	客厅、餐厅、过道水泥砂浆垫高找平（铺砖用此项）	P.O 32.5 等级水泥、黄砂、人工、5cm以内	m²	0.00	17	0	12	29	0	每增高1cm，加材料费及人工费4元/m²
	地面抛光地砖（客厅、餐厅）	800×800抛光砖（按品牌、型号定价）	m²	0.00	147	0	0	147	0	可选"欧神诺、特地、汇德邦、圣·凡尔赛"等，填缝剂另计
	地面抛光地砖损耗5%	800×800抛光砖	m²	0.00	147	0	0	147	0	
	地面抛光地砖铺设	P.O 32.5 等级水泥、黄砂、人工	m²	0.00	0	22	29	51	0	
	瓷砖专用填缝剂	"德高"（高级防霉彩色填缝剂）	m		4	0	2	6	0	
8	抛光地砖踢脚线铺设	抛光砖、P.O 32.5 等级水泥、黄砂、人工	m		35	5	5	45	0	主材单价按品牌 型号定价
9	现场施工成品保护膜	"清风"专用保护膜（成品保护必须使用）	m²		3	0.5	1.5	5	0	公司现场管理人员必须严格执行保护
	小计								0	
七	门及门窗套封制（如选用稀缺饰面板加5元/m²）									
1	PVC 模压板免漆套门	"同际"模压套装门（含五金、含安装）（按客户确认的具体型号定价）	套	0.00	980	0	0	980	0	根据具体型号定价（含五金配件）
2	PVC 模压板门套安制（单面）（含安装费）	"同际"门套（按客户确认的具体型号定价）	m		80	0	0	80	0	10cm 内超出部分按同比例递增
3	PVC 模压板门套安制（双面）（含安装费）	"同际"门套（按客户确认的具体型号定价）	m		90	0	0	90	0	30cm 内超出部分按同比例递增
	主卧折叠门	成品折叠门	m²		850	0	0	850	0	型号待定
4	厨房成品门	柏德成品移门、型号待定	m²		384			384	0	根据具体型号定价
5	花岗岩（大理石）窗台板	20cm以内、金线米黄大理石	m	0	102	11	20	133	0	
6	窗台板下水泥基层找平处理	10cm以内、人工、成品砂浆	m	0	8	0	7	15	0	30cm 宽内20元/m、60cm 宽内30元/m
7	大理石窗台磨双边	窗台板磨双边（注明磨边款式）	m		0	0	26	26	0	石材精磨加10元/m。注：窗台板磨双边（注明磨边款式）
8	花岗岩（大理石）窗台板	80cm以内、金线米黄大理石	m	0	305	25	45	375	0	
9	窗台板下水泥基层找平处理	10cm以内、人工、成品砂浆	m	0	22	0	23	45	0	30cm 宽内20元/m、60cm 宽内30元/m
10	大理石窗台磨双边	窗台板磨双边（注明磨边款式）	m		0	0	26	26	0	石材精磨加10元/m。注：窗台板磨双边（注明磨边款式）
	小计								0.00	
八	家具工程									
	现场制作型									
1	电视背景景立面	根据实际设计作预算	项		0	0	0	0	0	
2	成品衣柜	"柏德"1.8 厚 E1 级环保三聚氰胺板、5mm 同色背板（含基本配置）（配套安装）	项		0	0	0	0	0	（已打折根据具体型号定价）
	小计								0	
	说明：要根据饰面板的价格。	注：用维德黑檀131/133、紫檀137、宝石檀/直花纹、紫樱桃、法国樱桃、EVH泰柚、红/白橡/直花纹、紫玫瑰、玫瑰红等饰面板在原报价基础上加5元/m²。用维德直纹樱桃、南美樱桃、白枫、银橡木等饰面板在原报价基础上加8元/m²；用维德依贝贝、古典系列及皇家系列等在原报价基础上加15元/m²。								
		注：用维德黑檀131/133、紫檀137、宝石檀/直花纹、紫樱桃、法国樱桃、EVH泰柚、红/白橡/直花纹、紫玫瑰、玫瑰红等饰面板在原报价基础上加5元/m²。用维德直纹樱桃、南美樱桃、白枫、银橡木等饰面板在原报价基础上加8元/m²。用维德依贝贝、古典系列及皇家系列等在原报价基础上加15元/m²。								
九	橱柜、卫柜									
1	厨房吊柜、地柜、台面及门板（含基本配置）	"柏德"1.6 厚 E1 级环保三聚氰胺板、3mm 同色背板、"耐克斯"铰链（配套安装）	m		1580	0	0	1580	0	（根据具体型号定价）
2	卫生间地柜及门板（含基本配置）	"柏德"1.6 厚 E1 级环保三聚氰胺板、3mm 同色背板、"耐克斯"铰链（配套安装）	m	0.00	1280	0	0	1280	0	（根据具体型号定价）
	小计								0.00	
十	油漆、涂料、墙纸工程/地下室									
1	墙面涂料	"多乐士"超易洗环保乳胶漆、现配环保腻子、三批三度、专用底浆	m²	0.00	10	13	17	40	0	批涂加3元/m²、彩涂加5元/m²、喷涂加3元/m²
2	家具内部油漆（清水）	"立邦"绿色环保型高耐高黄1687木器漆、两遍	m²	0.00	10	6	19	35	0	如采用喷漆仅增加15元/m²材料和人工
3	公司规定乳胶漆必须由公司提供	如用成品环保腻子粉加3元/m²								主材甲供，辅材、人工加5元/m² 如客户主材确实需甲供，需要申请设计总监书面同意交工程部存档
	小计								0.00	
十一	水电工程部分（注：单价不变 数量按实计算）									
1	4分 PVC 线管	阻燃PVCΦ16管排设，含束接、配件	m	0	1.2	0.4	2	3.6	0	
2	6分 PVC 线管	阻燃PVCΦ20管排设，含束接、配件	m	0	1.8	0.4	2	4.2	0	
3	照明线铺设	BV1.5mm²铜芯线	m	0	1.7	0	1.8	3.5	0	
4	插座线铺设	BV2.5mm²铜芯线	m	0	2.6	0	2	4.6	0	
	插座线铺设	BV2.5mm²双色铜芯线	m	0	2.8	0	2	4.8	0	
5	空调线铺设（4平方铜芯线）	4.0mm²铜芯线	m	0	4.1	0	2.2	6.3	0	
	空调线铺设（4平方铜芯线）	4.0mm²双色铜芯线	m	0	4.3	0	2.2	6.5	0	
6	空调线铺设（6平方铜芯线）	6.0mm²铜芯线	m	0	6.7	0	3.6	10.3	0	
7	空调线铺设（10平方铜芯线）	10.0mm²铜芯线	m	0	10.8	0	5.3	16.1	0	
8	双频电视线铺设	有线电视线	m	0	5.2	0	3.8	9	0	

续表

编号	分部分项工程名称	主材及辅材 品牌、规格、型号、等级	单位	工程量	单价（元）主材	单价（元）辅材	单价（元）人工	合价（元）合计	合价（元）总计	备注说明
9	电话线铺设	四芯电话线	m	0	2.5	0	2.5	5	0	
10	电脑网络线铺设	八芯网络线	m	0	3.9	0	2.6	6.5	0	
11	音响线铺设	音响线	m	0	4.5	0	4	8.5	0	
12	灯线软管	灯头专用金属软管	m	0	1.5	0	1.5	3	0	
13	灯头盒	含86接线盒、拧紧、盖板、螺丝	只	0	1.8	0	2	3.8	0	
14	暗盒（接线盒）	拼接暗盒、拧紧、螺丝、专用盖板	只	0	3.5	0.5	2.8	6.8	0	
	水路改造			0						
15	水管排设	水管 25×4.2	m	0	21.8	0.6	6.5	28.9	0.00	
16	水管排设	水管 32×5.4	m	0	37.9	0.6	6.5	45	0.00	
17	45°弯头	25 型 45°弯头	只	0	7.6		4	11.6	0.00	
18	90°弯头	25 型 90°弯头	只	0	7.6		4	11.6	0.00	
19	90°弯头	32 型 90°弯头	只	0	13.2		4	17.2	0.00	
20	正三通	25 型正三通	只	0	8.5		4	12.5	0.00	
21	正三通	32 型正三通	只	0	16.5		4.2	20.7	0.00	
22	过桥管	25 型过桥弯管	只	0	18		4.2	22.2	0.00	
23	直接接头	25 型	只	0	3.8		4.2	8	0.00	
24	直接接头	32 型	只	0	8.2		4.2	12.4	0.00	
25	内丝弯头	内丝弯头 25×1/2 型	只	0	32	0	2.8	34.8	0.00	
26	内丝弯头	内丝弯头 25×3/4 型	只	0	39	0	2.8	41.8	0.00	
27	外丝弯头	外丝弯头 25×1/2 型	只	0	39	0	2.8	41.8	0.00	
28	外丝弯头	外丝弯头 25×3/4 型	只	0	45	0	2.8	47.8	0.00	
29	内丝直接	外丝弯头 25×1/2 型	只	0	31	0	2.8	33.8	0.00	
30	内丝直接	内丝直接 25×3/4 型	只	0	38	0	2.8	40.8	0.00	
31	外丝直接	外丝直接 25×1/2 型	只	0	38	0	2.8	40.8	0.00	
32	外丝直接	外丝直接 25×3/4 型	只	0	44	0	2.8	46.8	0.00	
33	内丝三通	内丝三通 25×1/2×25 型	只	0	54	0	4.2	58.2	0.00	
34	大小头	32×25 型	只	0	12	0	4.2	16.2	0.00	
35	热熔阀	热熔阀 25 型	只	0	93	0	5.3	98.3	0.00	
36	管帽	管套 25 型	只	0	6	0	2.8	8.8	0.00	
37	冷热水软管及安装 30cm	30cm 不锈钢软管、生料带、增加 1.5 元 /10cm	根		8		3.1	11.1	0	
38	角阀配件及安装	角阀 267（镀锌过式滤网）、生料带、人工	只		28		5.2	33.2	0	
39	角阀配件及安装	角阀 318（镀锌全铜）、生料带、人工	只		31.5		5.2	36.7	0	
40	快开阀配置及安装	快开阀、生料带、人工	只		66		7.2	73.2	0	
41	不锈钢外丝	1/2 不锈钢外丝	只		10		2.1	12.1	0	
42	闷头 1/2 型	闷头 1/2 型	只		1.5		2.1	3.6	0	
43	下水管排设 110×110 管	4 寸 PVC 管	m		27	4	10.3	41.3	0	
44	下水管排设 75×75 管	3 寸 PVC 管（∅75）	m		22	4	8.2	34.2	0	
45	下水管排设 50×50 管	2 寸 PVC 管（∅50）	m		16	4	8.2	28.2	0	
46	110 三通	110 三通	只		12	0	2.8	14.8	0	
47	110 弯头 90°	110 弯头 90°	只		9.6	0	2.8	12.4	0	
48	110 弯头 45°	110 弯头 45°	只		9.6	0	2.8	12.4	0	
49	110 束接	110 束接	只		5	0	2.8	7.8	0	
50	110 管卡	110 管卡	只		4.6	0	2.8	7.4	0	
51	75 弯头 45°	75 弯头 45°	只		7.9	0	2.8	10.7	0	
52	75 三通	75 三通	只		8	0	2.8	10.8	0	
53	75 束接	75 束接	只		4	0	2.8	6.8	0	
54	75 弯头 90°	75 弯头 90°	只		7	0	2.8	9.8	0	
55	75 管卡	75 管卡	只		4.2	0	2.8	7	0	
56	50 三通	50 三通	只		7	0	2.8	9.8	0	
57	50 束接	50 束接	只		6	0	2.8	8.8	0	
58	50 弯头 90°	50 弯头 90°	只		6	0	2.8	8.8	0	
59	50 P 弯	50P 弯	只		10	0	2.8	12.8	0	
60	50 S 弯	50S 弯	只		10	0	2.8	12.8	0	
61	50×40 大小头	50×40 大小头	只		6	0	2.8	8.8	0	
62			m²	0		0		95		
	小计	单价不变，数量按实计算，水电初步估价局部改造约 95 元 /m² 全部重做估价约 115 元 /m²						0		
十二	工程直接费（材料人工）	材料费＋人工费						0.00		注：本报价中所有工程量均按实际结算
十三	工程间接费									
1	施工垃圾清运费	直接费 ×1.5%	项		0.00			0.00		搬运到物业指定位置（外运另计）
2	施工材料车运及上楼费	直接费 ×1%（每层加 0.3%）	项		0.00			0.00		十楼以下有电梯使用的（每增一层加 0.1% 上楼费用）、十楼以上有电梯使用的，每加一层加 0.05% 上楼费用）
3	施工管理费 5%	直接费 ×5%	项		0.00			0.00		非直营公司区域另加远程施工管理费 5%～8%
4	室内环境卫生保洁费	专业保洁公司保洁：2.8 元 /m² 按建筑面积计	m²				378.00		0	

编号	分部分项工程名称	主材及辅材 品牌、规格、型号、等级	单位	工程量	单价（元）			合价（元）		备注说明
					主材	辅材	人工	合计	总计	
5	室内空气环境 治理监测费	（按建筑面积计）苏州环境室内治理监测中心，确保达标。注：因甲供材料原因导致环境检测不达标，本公司恕不负责	m²			0			0	如果甲方委托乙方检测，甲乙双方各承担一半
十四	工程总价	直接费＋间接费							0.00	
客户提醒	1.本报价系统主材部分已经打折优惠。主材价格在未确定其型号、规格时按普通型号进行预算、待确定具体型号按实际价格计算。（以材料确认单为准） 2.本预算书内除标注的甲供主材料以外，其他材料均由乙方提供，施工过程中双方不得随意更改。（甲供墙地砖人工辅材按 55 元／m²，甲供抛光砖上墙黏结剂贴饰人工辅材按 60 元／m²） 3.预算中水电等隐蔽工程量为初步估算，所有工程量按实际测量为准。（非常规辅贴人工费计另。注：本公司报价模板内含有的规格属于常规砖） 4.决算时单价不变、工程量按实计算、施工中如有增加项目和漏报项目，则按现场签证的工程内容及金额列入决算书结算。（未涉及项目或增加项目不受公司优惠） 5.此报价未含物业管理处的各项收费，物业管理处的一切收费，敬请业主自理。 6.因建材市场价格不稳定、主材价格按确定具体品牌型号之日的价格为准、如有变更以变更之日价格为准，其不确定因素较多，故本报价有效期为一个月。 7.决算中未包含的项目均不在公司保修范围（甲供材料维修时需甲方提供材料）。								

某装修公司工程预算报价书

第四节 基础改造

基础改造主要分为户型改造、墙和门窗拆改、旧房拆改三个部分。其中，户型改造的确定，直接决定了墙和门窗的拆改位置；在旧房拆改中，需要先对原有的家具、墙顶地面材料进行拆除，然后在重新改造成新的设计方案。

一 基础改造现场要求

① 遵循"功能第一、形式第二"的原则，比如，原有房屋的客厅小，卧室大，可以将卧室隔墙内缩，从而放大客厅面积；原有房屋的过道长而窄，可以通过改变原有功能空间的办法，将过道消除。

② 房屋承重结构不可改动，包括承重墙、剪力墙、横梁等。这部分墙体是楼房的支柱，若被拆改，容易引发楼梯塌陷等危险情况。

③ 墙体内的钢筋不可剪断。在埋设管线时，如将钢筋破坏，就会影响到墙体和楼板的承受力，产生安全隐患。

④ 阳台边的矮墙不可拆除。有的房间与阳台之间的墙上有一门一窗，这些门窗可以拆改，但窗以下的墙不能拆，因为这段墙是"配重墙"，它像秤砣一样起着压住阳台的作用，如果拆除这堵墙，就会使阳台的承重力下降，导致阳台失去平衡。

⑤ 拆除不能破坏厨卫防水层。厨卫防水层一旦破坏，将会导致楼下有严重的渗水现象，若楼下的房屋已经装修好，则会带来很大的经济损失。

⑥ 墙体拆除等改造只允许在白天或工作日进行，周末及晚上禁止施工。

⑦ 垃圾堆放要集中。集中堆放垃圾，可加快施工的进度和垃圾清理的速度，使

施工现场显得整齐而有序。

二 常用工具

基础改造常用工具如下表所示。

大锤	电锤
用于拆除大面积的墙体，对于这部分的拆除应该按从下向上的顺序敲墙	对于一些比较厚的墙或者墙地开槽的时候用此工具就最方便也最快
各类小锤	
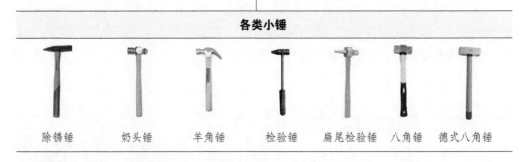	
除锈锤　　奶头锤　　羊角锤　　检验锤　　扁尾检验锤　　八角锤　　德式八角锤	
用于拆除局部的、小面积的墙体以及家具、柜体等	

三 户型改造

1. 户型改造的顺序

① 功能分区为首。对于诸如增加一个卧室或书房这样的要求，有时候是非常迫切并不可避免的，这个时候，空间的增加就必须放在第一位。

② 采光改善在后。采光的改善是健康生活的最基本因素。一个人长期居住在密不透风、暗无天日的房子里面，会对人的身心健康造成损害。

③ 风格优化最后。漂亮温馨的家居人人都喜欢，但必须结合现实情况。如果家居的功能性不合理，再漂亮的风格也只是徒有其表，毕竟住宅仍旧是人们的基本生活要素，应该以功能为主，美化设计可以留在最后考虑。

Tips 户型改造实例

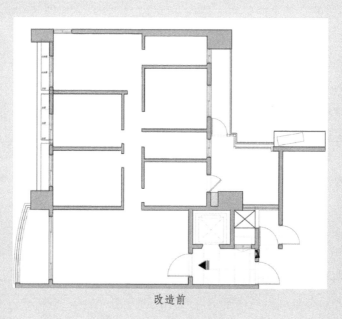

改造前

改造后

　　① 扩大了客厅的面积。将厨房以及书房设计为敞开式之后，客厅的整体视觉和使用空间得到了扩充。

　　② 扩大了主卧室的面积。将两个卧室之间的墙体拆除，合为一个主卧室，使得主卧室拥有了衣帽间，扩大了面积的同时，又增加了功能区。

2. 不同空间的改造要点

（1）客厅

客厅改造的两个基本原则：一是独立性，二是空间利用率。许多户型的客厅只是起到了"过厅"的角色，根本无法满足现代人们的生活要求。对这类情况，最好都要加以改造。如果是成员较多的家庭，客厅面积就要稍微大一些，最好在 25m² 左右；如果是成员较少的家庭，因为客厅的使用率不高，则可以相对小一些。无论哪种改变，客厅都必须具备独立性，而且最好与卧室、卫浴间的分隔明显一些。

（2）卧室

主卧室的宽度不应小于 3.6m，面积在 14~17m² 左右最好，次卧室的宽度不应小于 3m，面积在 10~13m² 左右最好。其次，应注意卧室的私密性，和客厅之间最好有空间过渡，直接朝向客厅开门也应避免对视。卧室与卫生间之间不应该设计成错层。

（3）厨房

根据原建设部的住宅性能指标体系，3A 级住宅要求厨房面积不小于 8m²，净宽不小于 2.1m，厨具的可操作面净长不小于 3m；2A 级以上指标分别为 6m²、1.8m、2.7m；1A 级指标则分别是 5m²、1.8m 和 2.4m。低层、多层住宅的厨房应有直接采光，中高层、高层住宅的厨房也应该有窗户。厨房应设排烟烟道，厨房的净宽度单排布置设备的，不应小于 1.5m，双排布置设备的，不应小于 2.1m。

（4）卫浴间

卫浴间应满足三个基本功能，即洗脸化妆、淋浴和坐便，而且最好能做到分离布置，这样可以避免冲突，其使用面积不宜小于 4m²。从卫浴间的位置来说，单卫的户型应该注意和各个卧室尤其是主卧的联系。双卫或多卫时，至少有一个应设在公共使用方便的位置，但入口不宜对着入户门和起居室。

四 墙和门窗拆改

1. 墙面拆改要点

① 有些房屋由于其墙面的施工质量以及所用的材料并不好，有些甚至会出现空鼓、裂纹等现象，因此需要将其拆除重做，即使是原墙面较好也应该重新刷涂料或者贴壁纸进行装饰。

② 对于原有施工质量一般的房屋，拆除原墙体表面附着物是装修中必须进行的

一项工作，一般包括墙面原有乳胶漆和腻子层的铲除。在拆除墙面之前，一定要先确定房屋的结构和支撑柱的位置。

③ 如果原墙面采用非耐水腻子，对于这样的墙面，业主最好选择拆除腻子层后重新刮防水腻子；如果原墙面采用的是耐水腻子，则可以不必完全铲除，用钢刷和砂纸打磨墙面后即可涂刷乳胶漆。需要注意的是，如果决定拆除墙面原有装修材料，则必须铲除至墙底，否则会影响后面墙面乳胶漆的施工质量和装修后的长期使用效果。

拆除后的墙体

新砌筑的墙体

2. 门窗拆改要点

① 如果原有门窗从位置、形式、材料上都不满意，这种情况下，在装修时可以将其拆除后重新安装新的门窗，以此来改善房屋的整体效果。

② 如果原有门窗的功能布局、造型特点以及所用的材料都不错，而且保护得较好，则不必拆除重做，可以选择只对门窗进行重新涂刷等方法，改变其外观效果即可。

③ 若门窗已经无法保留需要拆除重做，在拆除门窗时一定要注意保护好房屋的结构不被破坏。尤其是对于房屋外轮廓上的门窗，此类门窗所在的墙一般都属于结构承重墙，原来装修做门窗时，通常会在门窗洞上方做一些加固措施，以此来保证墙体的整体强度。在拆除此类门窗时，必须要谨慎仔细，不可大范围进行破坏拆除。

（五）旧房拆改

① 一般旧房原有的水路管线大多布局不合理或者已被腐蚀，所以应对水路进行彻底检查。如果原有的管线用的是已被淘汰的镀锌管，在施工中必须将其全部更换为铜管、铝塑复合管或 PPR（三丙聚乙烯）管。

② 旧房普遍存在电路分配简单、电线老化、违章布线等现象，已不能适应现代家庭的用电需求，所以在装修时必须彻底改造，重新布线。以前电路多用铝线，建议更换为铜线，并且要使用PVC（聚氯乙烯）绝缘护线管。安装空调等大功率电器的线路要单独走线。

拆除后的墙体

③ 关于插座问题，一定要多加插座，因为旧房的插座达不到现代电器应用的数量，所以这是在旧房改造中必须要改动的项目。

④ 砸墙砖及地面砖时，应避免碎片堵塞下水道；只有表层厚度达到 4mm 的实木地板、实木复合地板和竹地板才能进行翻新。此外，局部翻新还会造成地板间的新旧差异，因此不能盲目对地板进行翻新。

⑤ 门窗老化也是旧房中的一个突出问题，但如果材质坚固，并且款式也不错，只要重新涂漆即可焕然一新。但是如果木门窗起皮、变形，则一定要更换。此外，如果钢制门窗表面漆膜脱落、主体锈蚀或开裂，则应拆掉重做。

Tips 旧房配电系统改造

例如，某电表为 5（20）A 的典型旧房，在进行电路改造时，可以参考以下配置（二室一厅一厨一卫）。

①总空气开关：20 ~ 25A 双极断路器。

②照明：10A 单极断路器。

③居室普通插座：16A 带漏电保护空开。

④厨房插座：同普通插座。

⑤卫浴插座：同普通插座，如卫浴无大功率电器可考虑与厨房合并回路。

⑥空调插座：16A 单极断路器 2 路。

第二章
装修水路施工

　　水路施工是装修施工项目中的隐蔽工程，通常和电路同时施工。水路施工主要围绕着厨卫空间进行，在阳台安装洗衣机的情况下，也会将水路连接到阳台中。水路施工内容分为两部分，一是给水管的连接、布管和隐埋，二是排水管的连接、敷设。其中，给水管施工主要集中在墙面，需要墙面定位和开槽，在厨卫设计集成吊顶的情况下，水管会分布在吊顶中，方便后期的维修；排水管施工主要集中在地面，如坐便器排污管、地漏排水管和洗脸盆排水管等。排水管施工中，除了坐便器排污管不可轻易改动外，其他排水管均可根据设计位置进行合理的改动和布置。

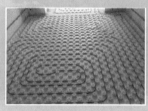

第一节 〉常用工具和材料

1. 水路施工常用工具

水路施工常用工具如下表所示。

　　开槽机	　　冲击钻
开槽机，又称水电开槽机、墙面开槽机，主要用于墙面的开槽作业，一次操作就能开出施工需要的线槽，机身可在墙面上滚动，且可通过调节滚轮的高度控制开槽的深度与宽度	冲击钻是一种打孔的工具，工作时钻头在电动机的带动下不断冲击墙壁打出圆孔，是依靠旋转和冲击来工作的
　　热熔机	　　打压泵
热熔机是利用电加热方法将加热板热量传递给上下塑料加热件的熔接面，使其表面熔融，然后将加热板迅速退出，将上下两片加热件加热后的熔融面熔合、固化、合为一体的仪器	打压泵是测试水压、水管密封效果的仪器，通常是一端连接水管，另一端不断地向水管内部增加压力，通过压力的增加，测试水管是否存在泄露问题

续表

切割机	激光水平仪
切割机的质量大、切割精度高、管口处理细腻，常用来切割家装中的排水管道。切割机操作简单、实用性高，代替了传统的钢锯	激光水平仪是一款家用五金装修工具，用于测量室内墙体、地面等位置的水平度和垂直度，可矫正室内空间的水平度
管子割刀	墨斗
管子割刀一般是 PVC、PPR 等塑管材料的剪切工具，主要辅助切割机和热熔机来完成水管的切割工作	墨斗用于水路的定位和画线，确定两个点后进行弹线，是进行精确开槽定位的工具

各类扳手

| 呆扳手 | 梅花扳手 | 两用扳手 | 活扳手 | 钩形扳手 | 套筒扳手 | 内六角扳手 |

扳手是一种常用的安装与拆卸工具，不同形状、型号的扳手可对应安装和拆卸各种螺丝

2. 水路常用材料

（1）PPR 给水管

PPR 管是俗名，学名称为三丙聚乙烯管，可以作为冷水管，也可作为热水管。PPR 管耐腐蚀、强度高、内壁光滑不结垢、使用寿命可达 50 年，是目前家装市场中使用最多的管材。

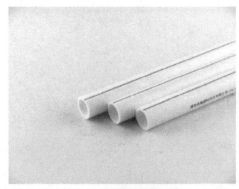

PPR 冷水管　　　　　　　　　　　　　　PPR 热水管

Tips　PPR 给水管配件

直接接头	异径直接	等径 90° 弯头
直线连接两根水管	直线连接两根粗细不同的水管	用于转弯处，连接两个相同规格的水管
等径 45° 弯头	活接内牙弯头	承口内螺纹三通
用于转弯处，连接两个相同规格的水管	用于水表以及热水器的衔接，一端连接 PPR 管，另一端连接外螺纹管件	两端连接 PPR 管，一端连接外螺纹管件

承口外螺纹三通	90°承口外螺纹弯头	90°承口内螺纹弯头
两端连接 PPR 管，一端连接内螺纹管件	一端连接 PPR 管，另一端连接内螺纹管件	一端连接 PPR 管，另一端连接外螺纹管件
过桥弯头	等径三通	异径三通
当两根管道交叉时，用过桥将其错开	三端连接相同规格的 PPR 管	两端连接相同规格的 PPR 管，一端连接异径的 PPR 管
双联内丝弯头	管夹	
用于淋浴器连接	用来固定水管，约 800mm 长度内布置一个	

（2）PVC 排水管

PVC 排水管的抗拉强度较高，有良好的抗老化性，使用年限可达 50 年。管道内壁的阻力系数很小，水流顺畅，不易堵塞。施工方面，管材、管件连接可采用粘接，施工方法简单、操作方便，安装工效高。

PVC 排水管

Tips　　PVC 排水管配件

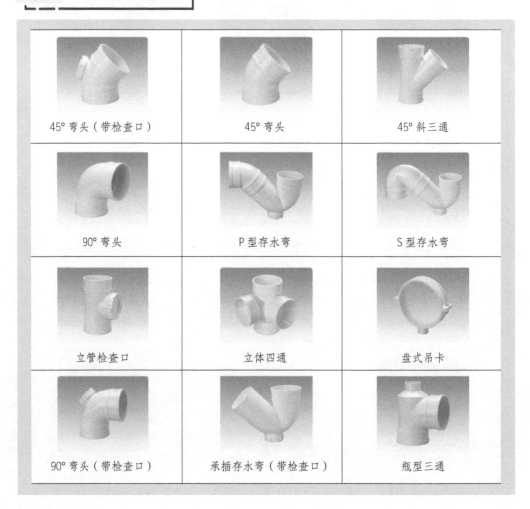

45° 弯头（带检查口）	45° 弯头	45° 斜三通
90° 弯头	P 型存水弯	S 型存水弯
立管检查口	立体四通	盘式吊卡
90° 弯头（带检查口）	承插存水弯（带检查口）	瓶型三通

（3）水表

① 速度式水表。安装在封闭管道中，由一个运动元件组成，是由水流运动速度直接使其获得动力速度的水表。典型的速度式水表有旋翼式水表、螺翼式水表。

旋翼式水表　　　　　　　　　　螺翼式水表

② 容积式水表。安装在管道中，由一些被逐次充满和排放流体的已知容积的容室和凭借流体驱动的机构组成的水表，或简称定量排放式水表。

③ 按计数器的指示形式可分为指针式、字轮式和指针字轮组合式水表。

容积式水表　　　　　　　　　　　　指针字轮组合式水表

（4）阀门

① 蹲便器冲洗阀。用于冲洗蹲便器的阀门，分为脚踏式、按键式、旋转式等。

脚踏式冲洗阀　　　　　　　　按键式冲洗阀　　　　　　　旋转式冲洗阀

② 截止阀。一种安装在阀杆下面以达到关闭、开启目的的阀门，分为直流式、角式、标准式，还可分为上螺纹阀杆截止阀和下螺纹阀杆截止阀。

③ 三角阀。管道在三角阀处呈 90° 的拐角形状，三角阀起到转接内外出水口、调节水压的作用，还可作为控水开关，分为 3/8（3 分）阀、1/2（4 分）阀、3/4（6分）阀等。

④ 球阀。球阀用一个中心开孔的球体作阀芯，旋转球体控制阀的开启与关闭，来截断或接通管路中的介质，分为直通式、三通式及四通式等。

截止阀   三角阀   球阀

（5）防水涂料

① 聚氨酯防水涂料。聚氨酯防水涂料能与各种基面黏结牢固，具有对基面的震动、胀缩、变形、开裂适应性强等优点，是最常用的防水涂料，但是其环保性难以控制。

② 丙烯酸酯防水涂料。丙烯酸酯防水涂料环保性好、防水性能优，施工十分方便，开盖即用，可适应各种复杂防水基面，能与裂缝紧密结合，可在潮湿基面上施工。

③ JS 防水涂料。JS 防水涂料为水性的，无毒无味，属于环保型防水涂料。其抗拉伸强度高，能与基层或瓷砖黏结牢固，耐水、耐候性好，可在潮湿基面上施工。

④ K11 防水涂料。K11 防水涂料分为刚性和柔性两种，它与混凝土及砂浆基面有良好的附着力，能在潮湿、干燥等多种基面上施工，耐老化、耐油污。

聚氨酯防水涂料   丙烯酸酯防水涂料

JS 防水涂料   K11 防水涂料

第二节 〉水路施工质量要求

1. 给水管施工质量要求

① 家装多用 PPR 管道作为饮用水管道，其管道和管件最好采用统一品牌，管件不可拧得过紧，以避免出现裂纹导致漏水。饮用水不要与非饮用水管道连接，防止污染。

② 安装时应避免冷热水管的交叉铺设。如遇到必要交叉时需用绕曲管连接。

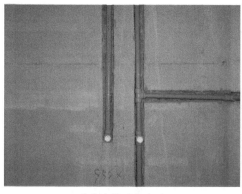
冷热水管避免交叉

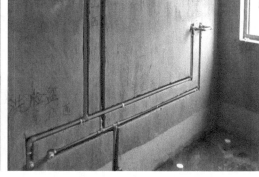
交叉时采用绕曲管连接

③ 热熔时间不可过长，以免管材内壁变形，影响水流。

④ 安装在吊顶中的给水管，应用管夹固定住。

⑤ 安装后一定要进行增压测试。增压测试要在 1.5 倍水压的情况下进行，在测试中不可有漏水现象。

⑥ 安装好的水管走向和具体位置都要画在图纸上，注明间距和尺寸，方便后期检修。

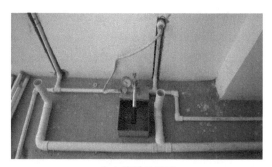
给水管增压测试

2. 排水管施工质量要求

① 家用排水管应采用 UPVC（又称硬 PVC）排水管材和管件。选择管壁上印有生产厂家名称、品牌、规格型号的合格产品。

② 要求水管内、外壁光滑、平整，

UPVC 排水管

无气泡、裂口和明显的痕纹、凹陷、色泽不均及分解变色线。

③ 若管道很长（连接厨房和卫生间，或通向阳台等），中间不可有接头，并且要适当放大管径，避免堵塞。

④ 排水管立管应设在污水和杂质最多的排水点处。

⑤ 安装排水管时，应注意上方施工过程中和施工完成后都不能有重物。

⑥ 卫生器具排水管与横向排水管连接时，需采用90°斜三通。

⑦ 如果卫生器具的构造内已有存水弯，不应在排水口以下设存水弯。

⑧ 管道安装好以后，通水检查有无渗漏；查看所有龙头、阀门开启是否灵活，出水是否畅通，有无渗漏现象；查看水表是否运转正常，没有任何问题后才可以将管道封闭。

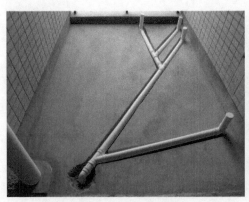

长管道尽量使用整根水管

坐便器下水不可设计存水弯

第三节 水路施工流程

水路定位 → 材料进场 → 画线 → 开槽 → 管路加工 → 铺管道
↓
闭水试验 ← 涂刷防水 ← 封槽 ← 打压测试

水路施工流程

（1）水路定位

水路定位应当从进户水管的位置开始，先定位厨房与卫生间，再定位其他空间。

水路定位中，应计划出水管的走向（包括墙面、地面），标记出用水设备的尺寸、高度，并区分出水管的冷热水、进出水口的位置。

（2）材料进场

材料进场时需要装修工人、业主以及设计师同时在场，对材料的品牌、质量进行验收，不合格的应及时退换。

材料的摆放位置应集中在客厅、餐厅等面积较大的区域，摆放在中间位置，并对管材、电线等材料进行分类摆放。

材料表面的保护膜应当保护好，避免管材、电线等受到损伤。

粉笔定位

材料堆放

（3）画线

墙面只能竖向或横向画线，不允许斜向画线；地面画线需靠近墙边，转角需保持 90°，画线的宽度比管材直径宽 10mm。

（4）开槽

开槽要求横平竖直，尽量竖开，减少横开。开槽宽度保持在 40mm 左右，深度保持在 20~25mm，冷热水管开槽间距保持在 200mm 左右。

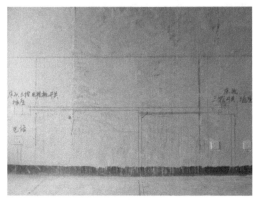

画线标记

水路开槽

（5）管路加工

管路加工包括 PPR 给水管和 PVC 排水管，其中 PPR 给水管的加工由热熔连接完成，而 PVC 排水管的加工则由切割加胶水粘接完成。

（6）铺管道

管道铺装时，按照冷热水管的走向将管路连接，管件和管路、管路和管路之间用热熔的方式连接，管路用管夹固定，避免晃动、移位。

（7）打压测试

所有水管焊接完成后应进行打压测试。用堵头封住水管，关闭进水总管的阀门。测试时间为 1h，压力下降不超过 0.2~0.5MPa 为合格。

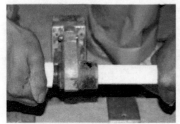

给水管热熔连接　　　　　铺装水管　　　　　打压测试

（8）封槽

封槽所用的水泥、砂浆要保持 1：2 的比例，高度与墙地面持平，不可凸起，不可凹陷。

（9）涂刷防水

卫生间、厨房以及阳台均需要涂刷防水，涂刷 2~3 遍，每一遍都需要表面干了之后才能涂刷下一遍。

（10）闭水试验

闭水试验时间要满足 24h 以上。在做试验之前，应当先将卫生间门口封住，再把坐便器、地漏下水口全部堵住。

墙面的防水试验可采用水浇的方式，检查对侧墙是否有渗水情况。

水泥封槽　　　　　涂刷防水　　　　　闭水试验

第四节 水路现场施工详解

一 定位、画线与开槽（附视频）

扫码看视频
1. 标准水电定位教学

1. 定位施工详解

第一步：查看现场实际情况。

对照水路布置图（由设计公司提供）以及相关橱柜水路图（由橱柜公司提供），与现场实际对比查看，确定需要改动的地方。

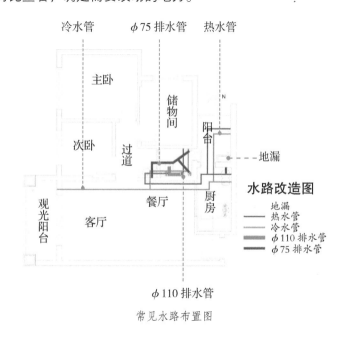

常见水路布置图

第二步：查看进户水管的位置。

进户水管一般在厨房或卫生间中，然后确定厨房、卫生间的下水口数量、位置，查看阳台的排水立管以及下水口的位置。

第三步：从卫生间或厨房开始定位。

先定位冷水管走向、热水器的位置，再定位热水管走向。这种定位方式可避免出现给水管排布重复的情况。

第四步：墙面标记。

在墙面标记出用水洁具、厨具（包括热水器、淋浴花洒、坐便器、小便器、浴缸以及洗菜槽、洗衣机等）的位置，如下表所示。

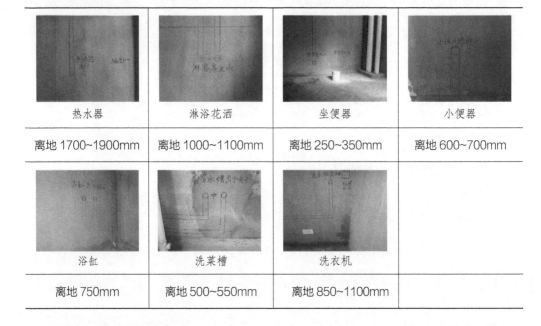

热水器	淋浴花洒	坐便器	小便器
离地 1700~1900mm	离地 1000~1100mm	离地 250~350mm	离地 600~700mm
浴缸	洗菜槽	洗衣机	
离地 750mm	离地 500~550mm	离地 850~1100mm	

第五步：确定地漏数量。

根据水电布置图确定卫生间、厨房改造地漏的数量，以及新的地漏位置；确定坐便器、洗手盆、洗菜槽、拖把池以及洗衣机的排水管位置。

第六步：估算水管、配件用量。

估算出所用水管的数量、水管零部件的个数，提供给业主，通知材料进场。

2. 画线施工详解

第一步：调整水平仪，弹水平线。

将水平仪调试好，根据红外线用卷尺在两头定点，一般离地 1000mm。再按这个点向其他方向的墙上标记点，最后按标记的点弹线。

第二步：画出墙面水管走向。

根据墙面进户水管、水管出水端口的定位位置，画出水管的走向。根据不同的情况，设计分为地面走水管与墙面走水管两种。

第三步：保持冷热水管的画线距离。

墙面水管弹线画双线，冷热水管画线需分开，彼此之间的距离保持在 200mm 以上、300mm 以下。

水平仪标记

转角处弹线需平直

第四步：画出顶面水管走向。

顶面水管弹线画单线，标记出水管的走向。顶面水管不涉及开槽的问题，因此画单线。

第五步：画出地面水管走向。

地面水管弹线画双线，线的宽度根据排布的水管数量决定。通常，一根水管的画线宽度保持在40mm 左右，以此类推。

顶面弹线

Tips　弹线技巧

① 弹长线的方法：先用水平仪标记水平线，然后在需要画线的两端用粉笔标记出明显的标记点，再根据标记点使用墨斗弹线。

墨斗线与墙面需保持 90° 直角

② 弹短线的方法：用水平尺找好水平线，一边移动水平尺，一边用记号笔或墨斗在墙面上弹线。

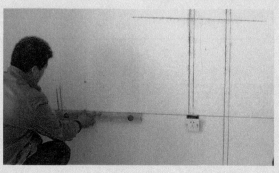

水平尺弹线

3. 开槽施工详解

第一步：掌握开槽深度。

水管开槽的宽度是 40mm，深度保持在 20~25mm 之间。冷热水管之间的距离要大于 200mm，不能垂直相交，不能铺设在电线管道的上面。

第二步：准备墙面开槽。

多竖向开少横向开，若横着开，宽度不能大于 30mm。若遇到防水重要部分，要做防止开裂的防水处理。

第三步：使用开槽机开槽。

使用开槽机开槽，要从左向右走，从上向下走。开槽的过程中需要不断地向开槽处喷水，防止刀具过热及减少灰尘。

墙面开槽

第四步：使用冲击钻开槽。

对于一些特殊位置、宽度的开槽，需要使用冲击钻。使用过程中，冲击钻要保持垂直，不可倾斜或用力过猛。

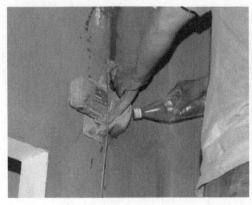

开槽机开槽

冲击钻开槽

二 PPR 管的热熔连接（附视频）

第一步：清理四周，组装热熔机。

① 安装固定支架，支架多为竖插型，将热熔机直接插入支架即可。

② 安装模具头，先用内部螺丝连接两端模具头，再用

扫码看视频

2.水管热熔连接

六角扳手拧紧。

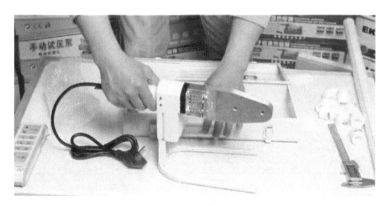

安装固定支架

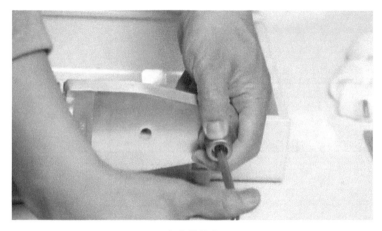

安装模具头

第二步：接通电源，给热熔机预热。

插电后绿灯亮，表示热熔机正在加热，过程会持续 2~3min，然后绿灯灭红灯亮，表示热熔机可以热熔管件了。

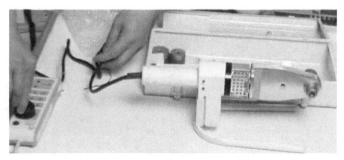

热熔机插电预热

第三步：切割管材至合适的长度。

先用卷尺测量好长度，再用管钳切割。切割时，必须使端面垂直于管轴线。切割后的管口需用钳子处理，以保持管口的圆润。

切割水管

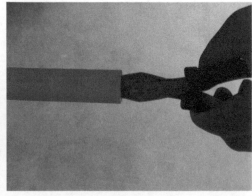

处理管口

第四步：连接管材和配件。

① 两手均匀用力，无旋转方式向内推进，将管材与配件从两侧匀速插进模具头，3~5s 后移出。

② 迅速连接管材与配件，插入时不可旋转，不可用力过猛。

③ 连接过程中，最好戴手套，以防止烫伤。

热熔管材和配件

连接管材和配件

第五步：检查管材连接是否合格。

① 用手晃动管材，看热熔是否牢固。

② 90°弯头连接的管材，需保证直角，不可有歪斜扭曲等情况。

晃动检查

检查转角处

三 PVC 排水管的连接（附视频）

第一步：测量排水管铺装长度，并在管道上做标记。

因为切割机的切割片有一定厚度，所以在管道上做标记时需多预留 2~3mm，确保切割管道长度准确。

扫码看视频

3. 切割排水管

第二步：使用切割机切割管道。

将标记好的管道放置在切割机中，标记点对准切片切割管道，应匀速缓慢地切割管道，切割时确保与管道成 90° 直角。切割后，应迅速将切割机抬起，防止切片过热烫坏管口。

管口标记   切割管道

第三步：用锉刀、砂纸给管口磨边。

将刚切割好的管口放在运行中的切割机的切割片上进行磨边，处理管口毛边；或者用锉刀处理管口毛边。一些表面光滑的管道接面光滑，必须用砂纸将接面磨花磨粗糙，以保证管道的粘接质量。

锉刀

砂纸

第四步：用抹布清洁管道。

将打磨好的管道用抹布擦拭干净，旧管件必须使用清洁剂清洗粘接面。

第五步：将管件端口涂抹上胶水。

在管件内均匀地涂上胶水，然后在两端粘接面上打胶水，管道端口长约 1cm，需均匀涂厚一点儿胶水。

扫码看视频

4. 粘接排水管

第六步：粘接管道和配件。

将管道轻微旋转着插入管件，完全插入后，需要固定 15s，胶水晾干后即可使用。

抹布擦拭管道   涂抹胶水   粘接管件

四 给水管与排水管的敷设（附视频）

扫码看视频

5. 水管布管施工

1. 给水管敷设详解

第一步：敷设顶面给水管。

先安装给水管吊卡件，再铺设给水管。给水管与吊顶间距需保持在 80~100mm 之间，并且与墙面保持平行。吊顶给水管需用黑色隔音棉包裹起来，起到保温、减少噪声、防止漏水的作用。

安装给水管吊卡件

用隔音棉包裹保护给水管

第二步：敷设墙面给水管。

① 墙面不允许大面积走横管，会影响墙体的稳固性。当水管穿过卫生间或厨房的墙体时，需离地 300mm 打洞，防止破坏防水层。

② 给水管与穿线管之间应保持 200mm 的间距，冷热水管之间需保持 150mm 的间距，左侧走热水，右侧走冷水。给水管需向内凹进 20mm，以方便后期封槽。

③ 给水管的出水口应用水平尺测平整度，不可有高低歪扭等情况。

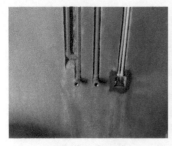

给水管和穿线管

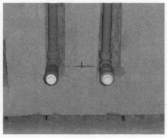

冷热水管

水平尺测平整度

第三步：敷设地面给水管。

① 当水管的长度超过 6000mm 时，需采用 U 字形施工工艺。U 字管的长度不得小于 150mm，不得大于 400mm。

② 地面管路发生交叉时，次要管路必须安装过桥铺在主管道下面，使整体管道分布保持在水平线上。

U 字形敷设工艺

水管交叉处安装过桥

2. 排水管敷设详解

第一步：敷设坐便器排水管。

① 改变坐便器下水的位置，最好的方案是从楼下的主管道修改。

② 坐便器改墙排时，需地面开槽，将排水管预埋进去三分之二，并保持轻微的坡度。

③ 下沉式卫生间，坐便器排水管的安装需具有轻微的坡度，并用管夹固定。

楼下改管道

扫码看视频

6. 卫生间排水管分布技巧

扫码看视频

7. 马桶排污管距离讲解

墙排改管道

下沉式卫生间改管道

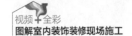

第二步：敷设洗手盆、洗菜槽排水管。

① 洗菜槽排水需靠近排水立管安装，并预留存水弯。

② 墙排式洗手盆，排水管高度需预留在 400~500mm 之间。

③ 普通洗手盆的排水管，安装位置离墙边 50~100mm。

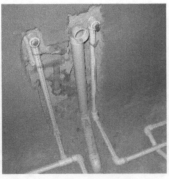

洗菜槽改管道　　　　　　墙排式洗手盆改管道　　　　　　普通洗手盆改管道

第三步：敷设洗衣机、拖把池排水管。

① 洗衣机排水管不可紧贴墙面，需预留出 50mm 以上的宽度。洗衣机旁边需预留地漏下水，以防止阳台积水。

② 拖把池下水不需要预留存水弯，通常安装在靠近排水立管的位置。

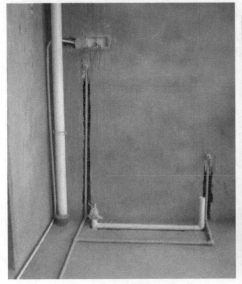

拖把池改管道　　　　　　　　　洗衣机改管道

第四步：敷设地漏排水管。

所有地漏的排水管粗细需保持一致，并采用统一的排水管道。

地漏排水管

五 打压测试（附视频）

扫码看视频

8.水管打压测试

第一步：封堵所有的出水端口。

首先关闭进水总阀门，然后逐个封堵出水端口，封堵的材料需保持一致。在冷热水管的位置用软管将冷热水管连接起来，形成一个圈。

封堵出水端口

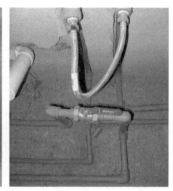

软管连接冷热水管

第二步：连接打压泵。

用软管一端连接水管，另一端连接打压泵，然后往打压泵容器内注满水，调整压力指针在 0。注意测试压力时应使用清水，避免使用含有杂质的水来进行测试。

第三步：开始测压。

摇动压杆使压力表指针指向 0.9~1.0（此刻压力是正常水压的 3 倍），保持这个压力一定时间。不同的管材的测压时间不同，一般在 30min~4h 之间。

连接打压泵

水管测压

第四步：逐项检查漏水情况。

测压期间逐个检查堵头、内丝接头，看是否有渗水情况发生。打压泵在规定的时间内，压力表指针没有丝毫的下降，或下降幅度保持在 0.1 以内，说明测压成功。

六 封槽（附视频）

扫码看视频

9. 水管封槽

第一步：搅拌水泥砂浆。

搅拌水泥的位置需避开水管，选择空旷干净的地方。搅拌水泥之前，需将地面清洁干净。水泥与细砂的比例应为 1∶2。

均匀搅拌砂子和水泥

向凹坑内注水

第二步：进行封槽。

封槽应从地面开始，然后封墙面；先封竖向凹槽，再封横向凹槽。水泥砂浆应均匀地填满水管凹槽，不可有空鼓。待封槽水泥快风干时，检查表面是否平整。发现凹陷应及时补封水泥。

封槽施工　　　　　　　　　　封槽完成

Tips　封槽注意事项

① 水泥超过出厂日期3个月不能用。不同品种、强度等级的水泥不能混用。砂要用河砂、中粗砂。

② 水管线进行打压测试没有任何渗漏后，才能够进行封槽。水管封槽前检查所有的管道，对有松动的地方进行加固。

七 防水施工与闭水试验（附视频）

扫码看视频

10.主卫刷防水技巧

1. 防水施工详解

第一步：修理基层。

铲除的部分应先修补、抹平，基层如有裂缝和渗水部位，应采用合适的堵漏方法先修复。阴阳角区域、弯位等凹凸不平需要找平。对于下沉式卫生间应先用水泥将地面抹平。

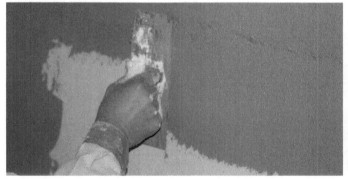

修理墙面　　　　　　　　　　　　　　　　修理阴角处

第二步：墙地面基层清理。

基面层必须完整无灰尘，应铲除疏松颗粒，施工前可以用水湿润表面，但不能留有明水。

第三步：搅拌防水涂料。

先将液料倒入容器中，再将粉料慢慢加入，同时充分搅拌 3~5min，至形成无生粉团和颗粒的均匀浆料即可使用。用搅拌器搅拌时，应顺时针搅拌，搅拌应均匀无颗粒。

清理基层

倒入防水涂料

搅拌防水涂料

第四步：涂刷防水涂料。

从墙面开始涂刷，然后涂刷地面。涂刷过程应均匀，不可漏刷。对转角处、管道变形部位应加强防水涂层处理，杜绝漏水隐患。涂刷完成后，表面应平整无明显颗粒，阴阳角保证平直。

地面涂刷防水

管道处防水加固处理

第五步：喷雾洒水，进行养护。

施工 24h 后建议用湿布覆盖涂层或喷雾洒水对涂层进行养护。施工后完全干固前需采取禁止踩踏、雨水、曝晒、尖锐损伤等保护措施。

完成效果

Tips　防水涂刷顺序和技巧

① 先对墙面均匀涂刷防水浆料一遍，使其与墙面完整黏结，涂膜厚度约 1mm 以下，注意避免出现漏刷。

② 待第一层防水浆料表面干燥后（手摸不粘手约 2h 后），用同样方法按十字交错方向涂刷第二遍，至少涂刷 2 遍，对于防水要求高的可涂刷 3 遍（防水涂膜厚度 1.2~2mm）。

2. 闭水试验详解

第一步：封堵卫生间排水管道。

防水施工完成后过 24h 做闭水试验。首先封堵地漏、面盆、坐便器等排水管管口。封堵材料最好选用专业保护盖，没有的情况下可选择废弃的塑料袋封堵。

扫码看视频

11.闭水试验

专业保护盖封堵

废弃塑料袋封堵

第二步：门口砌筑挡水条。

在房间门口用黄泥土、低等级水泥砂浆等材料做一个 20~25cm 高的挡水条，或者也可以采用红砖封堵门口，水泥砂浆则需采用低强度等级的。

水泥挡水条

红砖挡水条

第三步：开始蓄水。

蓄水深度保持在 5~20cm，并做好水位标记。蓄水时间需保持 24~48h，这是保证卫生间防水工程质量的关键。

第四步：渗水检查。

① 第一天闭水后，检查墙体与地面。观察墙体，看水位线是否有明显下降，仔细检查四周墙面和地面有无渗漏现象。

② 第二天闭水完毕，全面检查楼下天花板和屋顶管道周边。从楼下检查时，应先联系楼下业主，防止检查时进不去房屋。

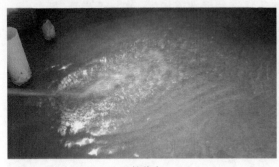
开始蓄水

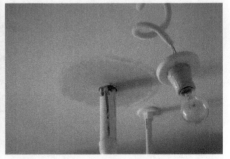
渗水印记表明防水失败

Tips 防水涂料的终凝问题

① 卫生间防水施工完后必须等待防水涂料的涂层"终凝"（即完全凝固）后才能试水。

② 各种防水涂料的终凝时间均不同，在产品的执行标准中都有明确规定，需仔细阅读。

③ 防水材料达到终凝后，不会因为蓄水时间的加长而加速防水层的老化。

八 水表阀门的安装

1. 水表安装详解

第一步：清理管道内的杂物，并冲洗干净。

第二步：安装水表。

① 水表上下游要安装必要的直管段或其他等效的整流器，要求上游直管段的长度不小于100mm，下游直管段的长度不小于50mm，对于由弯管或离心泵所引起的涡流现象，必须在直管段中加装镇流器。

② 水表应水平安装，表面朝上，表壳上箭头方向需与水流方向保持一致。在水表的上下游应安装阀门。使用时，确保阀门全部打开。

③ 水表下游管道出水口应高于水表 0.5m 以上，以防水表因管道内水流不足引发计量不正确。

水表安装细节

室外安装的水表应安装保护盒，不宜安装在曝晒、雨淋和冰冻的场所，防止外来伤害。严冬季节，室外安装的水表应有防冻措施。

安装完成效果

2. 阀门安装详解

安装步骤：核对阀门型号，按照水流方向安装。

① 用手柄拧动的阀门可以安装在管道的任何位置，通常是安装在平时比较容易操作的位置。

② 安装阀门时，不宜采用生拉硬拽的强行对口连接方式，以免因受力不均引起阀门的损坏；明杆闸阀不宜装在地下潮湿处，容易造成

阀门安装

阀杆锈蚀、搬动时发生断裂等情况，缩短其使用寿命。

扫码看视频

12. 地暖铺设施工

九 地暖施工（附视频）

第一步：铺设保温板。

① 边角保温板沿墙粘贴专用乳胶，要求粘贴平整、搭接严密。

② 底层保温板接缝处要用胶粘贴牢固，上面需铺设铝箔纸或粘一层带坐标分格线的复合镀铝聚酯膜，铺设要平整。

第二步：铺设反射铝箔层、钢丝网。

① 先铺设铝箔层，在搭设处用胶带粘住。铝箔纸的铺设要平整、无褶皱，不可

底层保温板

铺设铝箔纸

有翘边等情况。

② 在铝箔纸上铺设一层 φ 2mm 钢丝网，间距 100mm × 100mm，规格 2m × 1m，铺设要严整严密，钢丝网间用扎带捆扎，不平或翘曲的部位用钢钉固定在楼板上。

③ 设计防水层的房间如卫生间、厨房等固定钢丝网时不允许打钉，管材或钢丝网翘曲时应采取措施防止管材露出混凝土表面。

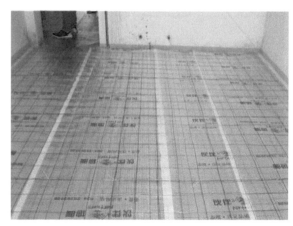

铺设钢丝网

第三步：铺设地暖管。

① 地暖管要用管夹固定，固定点间距不大于 500mm（按管长方向），大于 90° 的弯曲管段的两端和中点均应固定。

② 地暖安装工程的施工长度超过 6m 时，一定要留伸缩缝，防止在使用时由于热胀冷缩从而导致地暖龟裂从而影响供暖效果。

铺设地暖管

Tips　地暖布管方式分析

螺旋形布管法

　　产生的温度通常比较均匀，并可通过调整管间距来满足局部区域的特殊要求，此方式布管时管路只弯曲90°，材料所受弯曲应力较小

迂回形布管法

　　产生的温度通常一端高一端低，布管时管路需要弯曲180°，材料所受应力较大，适合在较狭窄的小空间内采用

混合型布管法

　　混合布管通常以螺旋形布管方式为主，迂回形布管方式为辅

第四步：安装分、集水器，并连接地暖管。

　　① 将分、集水器水平安装在图纸指定位置上，分水器在上，集水器在下，间距200mm，集水器中心距地面高度不小于300mm。

② 安装在分、集水器上的地暖管需要保护，建议使用保护管和管夹。

③ 地暖分水器进水处需装设过滤器，以防止异物进入管道，水源要用清洁水。

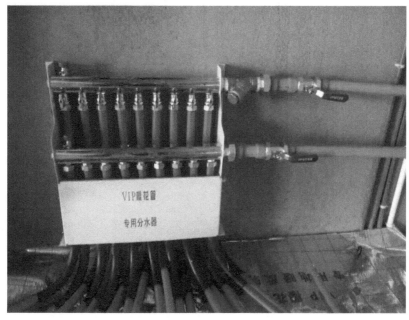

安装分、集水器和地暖管

Tips　分、集水器结构说明

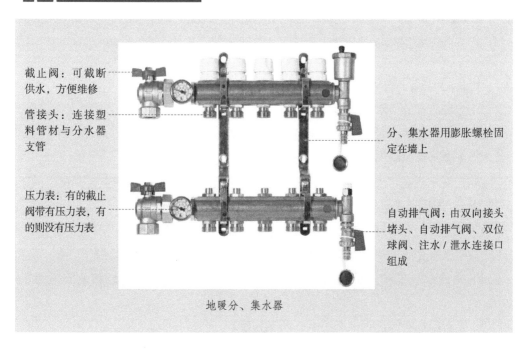

截止阀：可截断供水，方便维修

管接头：连接塑料管材与分水器支管

压力表：有的截止阀带有压力表，有的则没有压力表

分、集水器用膨胀螺栓固定在墙上

自动排气阀：由双向接头堵头、自动排气阀、双位球阀、注水 / 泄水连接口组成

地暖分、集水器

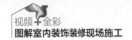

第五步：进行压力测试。

① 检查加热管有无损伤、间距是否符合设计要求后，进行水压试验。

② 试验压力为工作压力的 1.5 ～ 2 倍，但不小于 0.6MPa，稳压 1h 内压力降不大于 0.05MPa，且不渗不漏为合格。

第六步：浇筑填充层。

地暖管验收合格后，回填细石混凝土，加热管保持不小于 0.4MPa 的压力；垫层用人工抹压密实，不得用机械振捣，不许踩压已铺设好的管道，垫层达到养护期后方可泄压。

鹅卵石填充层　　　　　　　　　　　　抹水泥找平

第五节　水路施工现场快速验收

1. 开工之前的毛坯房水路验收

① 查看原有的供水管材料是否符合卫生、质量要求。

② 打开水龙头，看水管内是否有水、水有无杂质、有无堵塞。

③ 查看所有的阀门是否灵活、有没有缺损，截止阀有无生锈。

④ 查看水表是否安装到位，数值是否从零开始，是否存在水表空走、阀门关不严或脱丝、连接件滴水等问题。

⑤ 对上水管进行打压试验，检验是否能够正常使用，有没有渗水现象。

⑥ 检查所有的下水管，看是否下水通畅没有堵塞，是否有渗漏现象。

⑦ 用乒乓球检测一下地漏的坡度，看球从各个角度是否都能滚动到地漏的位置。

⑧ 查看用水空间是否做了防水、防潮处理。

2. 水路施工过程中的验收

① 检查材料是否符合卫生标准和使用要求，型号、品牌是否与合同相符。

② 定位画线后，检查定位及线路的走向是否符合图纸设计，有无遗漏项目。

③ 检查槽路是否横平竖直、槽路底层是否平整无棱角。

④ 检查水管的敷设是否符合图纸和规范要求，连接件是否牢固无渗水，阀门、配件安装是否正确、牢固。

⑤ 给水、排水管道均不能从卧室穿过，查验是否符合该要求。

⑥ 水管嵌入墙体不小于 15mm，出水口水平高差应小于 3mm。

⑦ 进行打压试验，主要检测管路有无渗水情况，如有泄压，先检查阀门，阀门没有问题再查看管道。

⑧ 检查二次防水的涂刷是否符合要求，装有地漏的房间坡度是否合格。

⑨ 做闭水试验后，检查防水处理是否到位，有无渗水。

3. 收尾阶段的验收

① 坐便器下水是否顺畅，冲水水箱是否有漏水的声音。

② 地漏安装是否牢固，与地面接触是否严密。

③ 浴缸、坐便器、面盆处是否有渗漏。

④ 各个水龙头安装是否正确，能否正常使用。

⑤ 在面盆、浴缸中放满水，打开排水阀，观察排水是否顺畅。

⑥ 花洒的高度是否合适，花洒出水是否正常。

⑦ 打开浴霸及排气系统，看是否运作正常。

⑧ 检查水管及洁具上是否有未清理干净的水泥等难以去除的污物。

第六节 水路施工现场常见问题处理

（1）标准的水路开槽宽度、深度分别是多少？

答：水管开槽的标准宽度是 40mm，标准深度保持在 20~25mm 之间。但不同直径的水管，其开槽深度和宽度也有着不同的要求，以直径为 16mm 的 PVC 管道为例，开槽宽度应为 20mm；深度应为 25mm，需保持 1：1.5 的比例，也就是说，开槽深度要做到管材直径的 1.5 倍左右。

（2）冷热水管可以交叉敷设吗？

答：原则上不可以交叉敷设，因为会影响到水管的使用寿命。若在避免不了的情况下，短距离的交叉则必须使用过桥，保证热水管在上，冷水管在下。

（3）冷热水管可以同槽敷设吗？

答：不可以同槽敷设，而且冷热水管之间至少需保持 150mm 以上的距离。冷热水管在开槽时，要满足单独开槽，分别敷设的原则。

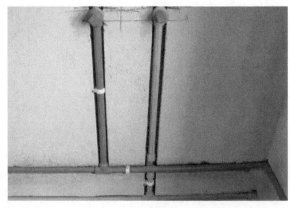

热水管在上侧

（4）地面敷设水管要注意哪些问题？

答：地面敷设水管不可紧贴墙脚，因为后期的墙面木作施工容易破坏到地面下的水管。地面敷设水管的正确做法是，敷设在地面的中间位置，而且要集中敷设，不可分散。给水管在地面敷设中，必须保证横平竖直，排水管则不需要，可根据排水端口，选择斜向的直接敷设。

给水管敷设

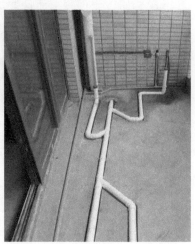

排水管敷设

（5）为什么卫生间的水管要敷设在吊顶中？

答：水管敷设在吊顶中更便于后期的维修。水管属于隐蔽工程，若发生质量问题，维修起来非常麻烦，如果维修地面中的水管，不仅要拆改水管，还要拆除已经铺贴好的地砖。可是将水管敷设在吊顶中便可避免这种问题，集成吊顶的拆卸方便，无论是检查漏水位置还是更换水管都很方便。

（6）墙面中的水管为什么不建议横向敷设？

答：横向敷设水管会影响墙面的承重效果。短距离、单管道的横向敷设水管不会产生很大的影响，但长距离、超过 300mm 宽度的横向敷设水管，将会对墙面承重产生很大的影响，甚至会出现墙面出现裂痕等情况。

顶面敷设水管

（7）冷水管能当热水管用吗？

答：不能。冷热水管的材质是完全相同的，但相同直径的冷热水管壁厚会差很多，直接影响了它的承压能力，替代使用会埋下隐患。PPR 管材在同级别之内，热水管质量及各项指标要好于冷水管，如果冷水管不够用了，用热水管代替安装其实是可以的。但是热水管却不能用冷水管代替。

（8）排水管出现裂缝、穿孔怎么办？

答：管壁穿孔主要是腐蚀造成的，或者在铸造过程中有砂眼和气孔，管壁很薄，稍一受到腐蚀便会穿孔。解决的方法是将孔周围 50mm 以内的管壁打磨光，涂上环氧树脂和固化剂，再贴上玻璃丝布，然后在玻璃丝布上再涂环氧树脂，再贴玻璃丝布，一般采用"四脂三布"，即可解决。

管壁裂缝的主要原因是房屋变形、地基下沉引起整个排水系统管道受力不均，而出现某段管壁裂缝。这种情况不常出现，解决的方法有以下两种。

①采用涂环氧树脂、贴玻璃丝布的"缠裹法"，将裂缝段的管道用玻璃丝布裹起来，防止漏水。

②用手提砂轮沿裂缝打出坡口，坡口上口宽不超过 2mm，深不超过 3mm，然后将冷铅切成细条，嵌进裂缝内，用扁铲靠锤子打实，打到不漏水为止。两种方法可因地制宜，因人而异。

（9）怎样更换排水管的存水弯？

答：如果存水弯的弯曲部分底部安装有放水塞，可用扳手拆下放水塞，并将存水弯内的水排到桶里。如果没有放水塞，那么就应该拧松滑动螺母并将它们移到不碍事的地方。

　　如果存水弯是旋转型的，那么存水弯的弯曲部分是可以自由拆卸的。在拆卸时要使存水弯保持直立，并在将该部分拆下来后将里面的水倒掉。如果存水弯是固定的，不能旋转，则拧下排水管法兰处的尾管滑动螺母和存水弯顶部的滑动螺母。将尾管向下推入存水弯内，然后顺时针拧存水弯，直到将存水弯内的水排出为止。拔出尾管，拧开固定存水弯的螺丝，将存水弯从排水道延长段或排水管上拆下。

　　（10）水管安装好之后，漏水怎么解决？

　　答：① 水管接头漏水的解决方法：如果管接头本身坏了，只能换新的。丝口处漏水可将其拆下，如没有胶垫的要装上胶垫，胶垫老化了就换个新的，丝口处涂上厚白漆再缠上麻丝后装上，或用生料带缠绕也可以。如果是胶接或熔接处漏水就困难些了，自己较难解决。如果是由于水龙头内的轴心垫片磨损所致，可使用钳子将压盖拴拧松并取下，用夹子将轴心垫片取出，换上新的轴心垫片即可。

　　② 下水管漏水解决方法：如果是 PVC 水管，就可以去买一根 PVC 的水管来自己接。先把坏了的那根管子割断，把接口先套进 PVC 水管的一端，使另外的一端的割断位置正好与接口的另外的一个口子齐平，使它刚好能够弄直，然后把直接头往接口一端送，使两端都有一定的交叉距离（长度），然后把它拆卸下来，最后用 PVC 胶水涂抹牢固即可。

第三章
装修电路施工

　　装修电路施工指家庭装修中照明设备、开关、插座等强电线路的改动，以及电视线、网线等弱电线路的布线。电路施工的内容主要是指，通过开关、插座等用电终端的位置变化，而改动隐埋在墙体中的线路，将其牵引、布置到合理的位置。装修电路施工对技术人员的能力要求比较严格，既要懂得导线的接线方式，又要了解不同导线适合的位置，比如空调需要使用 4mm^2 的导线，而照明设备仅需要 1.5mm^2 的导线即可满足用电需求。

第一节 常用工具和材料

1. 电路常用工具

电路常用工具如下表所示。

指针万用表

数字万用表

指针万用表的刻度盘上共有七条刻度线，从上往下分别是：电阻刻度线、电压电流刻度线、10V 电压刻度线、晶体管 β 值刻度线、电容刻度线、电感刻度线及电平刻度线

数字万用表是一种多用途电子测量仪器，一般包含安培计、电压表、欧姆计等功能，有时也称为万用计、多用计、多用电表，或三用电表

兆欧表

测电笔

兆欧表又称摇表，主要用来检查电气设备的绝缘电阻，判断设备或线路有无漏电，判断是否有绝缘损坏或短路现象

测电笔，简称"电笔"，是一种电工工具，用来测试电线中是否带电，可分为数显测电笔和氖气测电笔两种

各种钳子

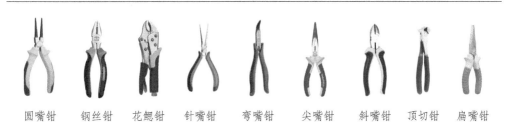

| 圆嘴钳 | 钢丝钳 | 花鳃钳 | 针嘴钳 | 弯嘴钳 | 尖嘴钳 | 斜嘴钳 | 顶切钳 | 扁嘴钳 |

钳子是一种用于夹持、固定加工工件或者扭转、弯曲、剪断金属丝线的手工工具。钳子的外形呈 V 形，通常包括手柄、钳腮和钳嘴三个部分。钳的手柄依握持形式而设计成直柄、弯柄和弓柄三种式样

钢卷尺	水平尺
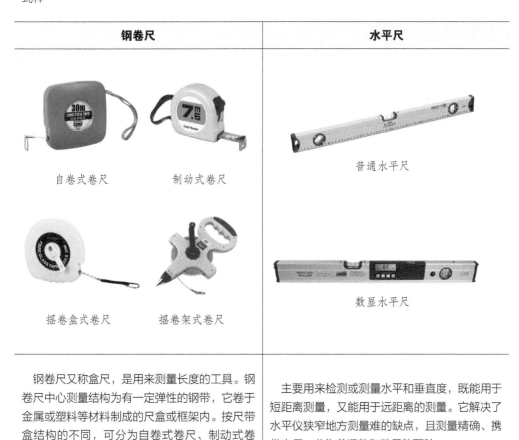	
钢卷尺又称盒尺，是用来测量长度的工具。钢卷尺中心测量结构为有一定弹性的钢带，它卷于金属或塑料等材料制成的尺盒或框架内。按尺带盒结构的不同，可分为自卷式卷尺、制动式卷尺、摇卷盒式卷尺和摇卷架式卷尺四种	主要用来检测或测量水平和垂直度，既能用于短距离测量，又能用于远距离的测量。它解决了水平仪狭窄地方测量难的缺点，且测量精确、携带方便，分为普通款和数显款两种

 　内热式电烙铁　　　外热式电烙铁	　组合式螺丝刀
电烙铁是电子制作和电器维修的必备工具，主要用途是焊接元件及导线	螺丝刀是用来拧转螺丝钉迫使其就位的工具，通常有一个薄楔形头，可插入螺丝钉头的槽缝或凹口内

2. 电路常用材料

（1）塑铜线

塑铜线学名是 BV 线，适用于交流电压为 450V/750V 及以下动力装置、日用电器、仪表及电信设备用的电缆电线，其分类如下表所示。

　BVR 铜芯聚氯乙烯塑料软线	　BV 铜芯聚氯乙烯塑料单股硬线
19 根以上铜丝绞在一起的单芯线，比 BV 线软；用于固定线路敷设	由 1 根或 7 根铜丝组成的单芯线；用于固定线路敷设
　RV 铜芯聚氯乙烯塑料软线	RW 铜芯聚氯乙烯软护套线
由 30 根以上的铜丝绞在一起的单芯线，比 BVR 线更软；用于灯头和移动设备的引线	由 2 根或 3 根 RV 线用护套套在一起组成的；用于灯头和移动设备的引线

续表

 RVS 铜芯聚氯乙烯绝缘绞型连接用软电线	RVB 铜芯聚氯乙烯平行软线
2 根铜芯软线成对扭绞无护套；用于灯头和移动设备的引线	无护套平行软线、俗称红黑线；用于灯头和移动设备的引线

Tips　家用塑铜线规格及用处

型号	规格 /mm^2	用处
BV、BVR	1	照明线
BV、BVR	1.5	照明、插座连接线
BV、BVR	2.5	空调、插座用线
BV、BVR	4	热水器、立式空调用线
BV、BVR	6	中央空调、进户线
BV、BVR	10	进户总线

（2）网线

网线是连接计算机网卡和路由器或交换机的电缆线，常见网线如下表所示。

续表

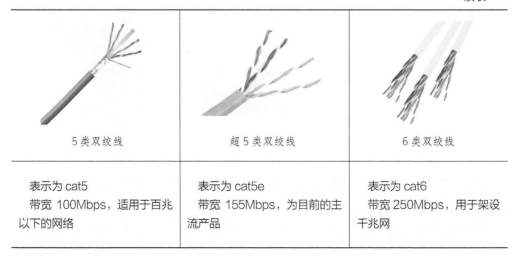

5 类双绞线	超 5 类双绞线	6 类双绞线
表示为 cat5 带宽 100Mbps，适用于百兆以下的网络	表示为 cat5e 带宽 155Mbps，为目前的主流产品	表示为 cat6 带宽 250Mbps，用于架设千兆网

Tips　自制网线的方法

步骤	图解	步骤解说
第一步		用压线钳将双绞线一端的外皮剥去 3cm，然后按 EIA/TIA 568B 标准顺序将线芯顺直并拢
第二步		将芯线放到压线钳切刀处，8 根线芯要在同一平面上并拢，而且要尽量直，留下一定的线芯长度约为 1.5cm 并剪齐
第三步		将双绞线插入 RJ45 水晶头中，插入过程力度均衡直到插到尽头，并且检查 8 根线芯是否已经全部充分、整齐地排列在水晶头里

续表

步骤	图解	步骤解说
第四步		用压线钳用力压紧水晶头，抽出即可，一端的网线就制作好了，用同样方法制作另一端网线
第五步		最后把网线的两头分别插到网络测试仪上，打开测试仪开关，测试指示灯亮起来。如果网线正常，两排的指示灯都是同步亮的，如果有指示灯没同步亮，证明该线芯连接有问题，应重新制作

（3）电话线

电话线就是电话的进户线，连接到电话机上才能打电话，分为 2 芯和 4 芯两种。导体材料分为铜包钢、铜包铝以及全铜三种，全铜的导体效果最好，如下表所示。

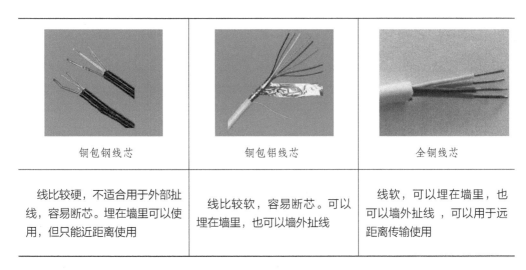

铜包钢线芯	铜包铝线芯	全铜线芯
线比较硬，不适合用于外部扯线，容易断芯。埋在墙里可以使用，但只能近距离使用	线比较软，容易断芯。可以埋在墙里，也可以墙外扯线	线软，可以埋在墙里，也可以墙外扯线，可以用于远距离传输使用

（4）TV 线

正规名称为 75Ω 同轴电缆，主要用于传输视频信号，能够保证高质量的图像接收。一般型号表示为 SYWV，国标代号是射频电缆，特性阻抗为 75Ω。

TV 线

（5）穿线管

穿线管全称为"建筑用绝缘电工套管"。通俗地讲是一种白色的硬质PVC胶管，它是一种可防腐蚀、防漏电，穿电线用的管子。

PVC电工穿线管的常用规格有：ϕ16、ϕ20（用于室内照明）、ϕ25（用于插座或室内主线）、ϕ32（用于进户线或弱电线）、ϕ40、ϕ50、ϕ63及ϕ75（用于室外配电线至入户的管线）等。

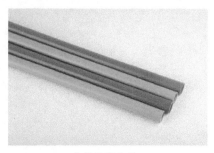

常见的穿线管

（6）螺纹管

PVC螺纹管可分为单壁塑料螺旋管和双壁螺旋管两种类型。由树脂加工成型的螺旋管能随意弯曲，具有较强的拉伸强度和剪切强度，由于螺旋缠绕筋的加强作用，使其具有较大的耐压强度。在许多场合，它能代替金属管、铁皮风管及相应实壁塑料管使用。

PVC螺纹管

（7）黄蜡管

黄蜡管的学名为聚氯乙烯玻璃纤维软管，其主要原料是玻璃纤维，通过拉丝、编织、加绝缘清漆后完成，具有良好的柔软性、弹性。在布线（网线、电线、音频线等）过程中，如果需要穿墙，或者暗线经过梁柱的时候，导线需要加护，就会用黄蜡管来实现。

黄蜡管　　　　　　　　　黄蜡管穿墙施工

（8）开关

开关具有开启和关闭功能，是指一个可以使电路开路、使电流中断或使其流到其他电路的电子元件。开关常用于控制灯具、家电等电器设备。常用开关类型如下表所示。

单控翘板开关	双控翘板开关
有单控单联、单控双联、单控三联、单控四联等多种形式	有双联单开、双联双开等多种形式
调光开关	调速开关
可调节改变灯泡的亮度，并使其开启或关闭	可调节改变电风扇的转速，以及开关电扇
延时开关	定时开关
按下开关后，电器可延时关闭	可设定开关关闭后，电器关闭的时间

续表

 红外线感应开关	 触摸开关
当人进入开关感应范围时，开关会自动打开，离开后，开关就会延时自动关闭	轻轻点按开关按钮就可使开关接通，再次触碰时会切断电源

（9）插座

　　插座又称电源插座、开关插座，是指有一个或一个以上电路接线可插入的座，通过它可插入各种接线，方便于与其他电路接通。通过线路与铜件之间的连接与断开，来达到该部分电路的接通与断开的目的。常用插座类型如下表所示。

 三孔插座	 三孔插座带开关
家庭常用的有三孔插座、四孔插座和五孔插座三种	插座用来安插电器电源，而开关可以控制电路的开启或关闭
 多功能五孔插座	 电视插座
其中三孔可以接两头插头也可以接三头插头，以及外国进口电器插头	有线电视系统输出口

续表

网络插座	电话插座
用来接通网络信号的插头	用来连接电话线，接通信号
地面插座	音响插座
有一个弹簧的盖子，使用时打开，插座面板会弹出来，不使用时关闭，可以将插座面板隐藏起来	用来接通音响设备

（10）暗装底盒

暗装底盒也叫线盒，原料为 PVC，安装时需预埋在墙体中，安装电器的部位与线路分支或导线规格改变时就需要安装线盒。电线在盒中完成穿线后，上面可以安装开关、插座的面板。暗装底盒通常分为以下三种。

① 86 型（匹配 86 型的开关插座，有单暗盒、双联暗盒两种）。标准尺寸为86mm×86mm，非标尺寸有 86mm×90mm、100mm×100mm 等。

单暗盒   双联暗盒

② 118 型（匹配 118 型的开关插座，有四联盒、三联合、单盒三种）。标准尺寸为 118mm×74mm，非标尺寸有 118mm×70mm、118mm×76mm 等。另外还有 156mm×74mm、200mm×74mm 等多位联体暗盒。

四联暗盒

③ 120 型（匹配 120 型的开关插座，有大方盒、小方盒两种尺寸）。标准尺寸为 120mm×74mm，非标尺寸有 120mm×120mm 等。

（11）空气开关

空气开关，又名空气断路器，是断路器的一种，是一种只要电路中电流超过额定电流就会自动断开的开关。空气开关是低压配电网络和电力拖动系统中非常重要的一种电器，它集控制和多种保护功能于一身。

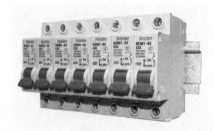

空气开关

断路器

第二节 电路施工质量要求

① 使用电线、管道及配件等施工材料必须符合产品检验及安全标准。

② 配电箱的尺寸需根据实际所需空气开关尺寸而定。

配电箱

空气开关

③ 配电箱中必须设置总空开（两极）+漏电保护器（所需位置为 4 个单片数），严格按图分设各路空开及布线，配电箱安装必须设置可靠的接地连接。

单股铜线　　　　　软铜线

④ 施工前应确定开关、插座品牌，是否需要门铃及门灯电源，校对图纸跟现场是否相符。

⑤ 电器布线均采用 BV 单股铜线，接地线为 BBR 软铜线。

⑥ 线路穿 PVC 管暗敷设，布线走向为横平竖直，严格按图布线，管内不得有接头和扭结。

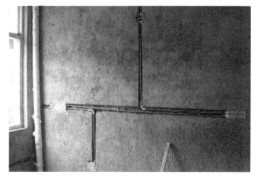

墙面布线标准

⑦ 禁止电线直接埋入灰层，顶面或局部承重墙开槽深度不够的前提下，可改用 BVV 护套线。

⑧ 管内导线的总截面积不得超过管内径截面积的 40%。同类照明的几个支路可穿入同一根管内，但管内导线总数不得多于 8 根。

⑨ 电话线、电视线、电脑线的进户线不能移动或封闭，严禁弱电与强电走在同一根管道内。

⑩ 导线盒内预留导线长度应为 150mm，接线为相线进开关，零线进灯头；面对插座时为左零右相接地上。

⑪ 电源线管应预先固定在墙体槽中，要保证套管表面凹进墙面 10mm 以上（墙上开槽深度 > 30mm）。所有入墙电线均用 PVC 套管埋设，并用弯头、直接、接线盒等连接，

弱电、强电分管布线

不可将电源线裸露在吊顶上；禁止将导线直接用水泥抹入墙中，避免影响导线正常散热和绝缘层被碱化。

穿线管埋设

线盒内预留导线

⑫ 线管与燃气管间距：同一平面不应小于100mm；不同平面不应小于50mm；电器插座开关与燃气管间距不小于150mm。

⑬ 开关插座安装必须牢固、位置正确、紧贴墙面。开关、插座常规高度安装时必须以水平线为统一标准。

插座安装

⑭ 地面没有封闭之前，必须保护好 PVC 套管，不允许有破裂损伤，铺地板砖时 PVC 套管应被砂浆完全覆盖。钉木地板时，电源线应沿墙脚铺设，以防止电源线被钉子损伤。

⑮ 经检验电源线连接合格后，应浇湿墙面，用 1：2.5 的水泥砂浆封槽，表面要平整，且低于墙面 2mm。

水泥封槽

⑯ 工程安装完毕后，应对所有灯具、电器、插座、开关、电表断通电试验检查，并在配电箱上准确标明其位置，并按顺序排列。

⑰ 绘好的照明、插座、弱电图及管道图在工程结束后需要留档。

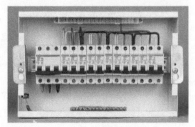

配电箱中标记开关插座

第三节 电路施工流程

电路定位 ⟶ 弹线 ⟶ 线路开槽 ⟶ 布管 ⟶ 穿线 ⟶ 电路检测

电路施工流程

（1）电路定位

了解并掌握各种电器、插座以及开关的常规高度，并根据现场实际需求综合起来定位。定位标记时，需用记号笔在墙面标记出形状。

（2）弹线

弹线的线路走向应避开重点施工区域；墙面中的弹线应多弹竖线，减少横线。

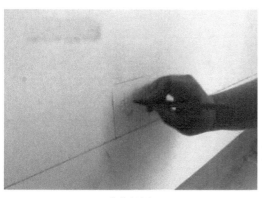

<table>
<tr><td>定位标记</td><td>地面弹线</td></tr>
</table>

（3）线路开槽

开槽线路应避开承重墙和内部含有钢筋的墙体，不可将墙体内的钢筋切断；顶面开槽应避开横梁，不可在横梁上打洞。

（4）布管

电线布管的原则是，灯具一类的电线走顶面，电视线、插座一类的走地面；整体的布管分布应当是顶面多，其次是墙面，最后是地面。

<table>
<tr><td>地面线管开槽</td><td>墙地面布管</td></tr>
</table>

（5）穿线

长距离的穿线应当使用钢丝拉拽。用之前先将钢丝的一头打个钩，防止尖头划坏管材内部。整个穿线过程中应缓慢地推动，防止划伤穿线管。

（6）电路检测

电路检测包括三个方面，一是用试电笔测试每一处接头、插座是否正常；二是拉闸测试断电，看是否能完全关闭室内的电源；三是看电表通电是否正常。

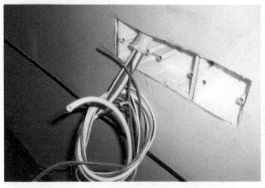
暗盒穿线

电路检测

第四节 电路现场施工详解

一 定位、画线与开槽（附视频）

扫码看视频

1.电路开槽实例

1. 定位施工详解

第一步：查看现场所有开关、插座以及灯具的位置。

① 原始户型中的开关插座布置位置不标准，基本上都需要后期重新定位。总空开的位置不要轻易改动，因为里面涉及的线路比较复杂。

② 初步定位可采用粉笔画线，并在上面标记出线路走向，以及定位高度。

原始户型

粉笔标记

第二步：从入户门位置开始定位。

定位先从入户门开始，确定开关及灯具的位置，然后安排插座。一般情况下，入户门位置的强电箱、弱电箱以及可视电话不建议改动，因为里面涉及的线路比较复杂。

入户门位置

第三步：定位客厅灯具、开关和插座位置。

① 先确定电视墙的位置，分布电视线、插座以及备用插座，并排分布在一条直线上；分布电话线在角几的一端；分布角几备用插座。

② 毛坯房的电视墙一侧，通常只预留 2~3 个插座和一个电视端口，而且位置很低，彼此的间距很大。

客厅电路定位

③ 沙发墙一侧的插座，通常会预留在沙发的背后，不便于使用，需要重新设计位置。

④ 确定灯具和开关的线路走向，考虑双控开关安装位置。若客厅是敞开式并与餐厅一体的，则可将餐厅主灯开关与客厅主灯开关设计在一起。

电视墙定位细节

⑤ 客餐厅一体式空间，开关布线应集中在靠近过道的位置。

⑥ 客厅的电路改造要善于利用原有的线路，以减少新布线的长度。

第四步：围绕餐桌定位餐厅电路。

① 围绕餐桌分布备用插座。餐桌临墙，插座则设计在墙上，反之则设计为地插。

② 面积较小的角落式餐厅，插座应设计在餐桌正靠的墙面上，开关则设计在靠近过道与厨房的位置。

第五步：定位卧室内的开关、插座以及灯具。

① 卧室开关需定位在门边，与门口保持 150mm 以上的距离，与地面保持 1200~1350mm 的距离；床头一侧需定位灯具双控开关，与地面保持 950~1100mm 左右的距离。

餐厅电路定位

② 卧室内的空调插座，应定位在侧边靠墙角的位置，或空调的正下方。

③ 卧室内的电视插座与电视线端口，应布置在床的中间，而不应靠近窗户。

④ 卧室床头柜两侧各安装两个插座，一侧预留电话线端口。

⑤ 床头双控开关应安装在床头柜插座的正上方。

卧室空调定位

卧室双控开关定位

第六步：定位书房内的电路。

① 书房开关定位在门口，离地 1200~1350mm 的距离，灯具定位在房间中央。

② 插座应围绕书桌定位，若书桌的位置靠近墙面，插座则应设计在墙面中，离地 500mm 或 950mm 的距离；若书桌设计在房间的中间，则应在书桌的正下方设计地插。

第七步：定位卫生间内的电路。

① 卫生间灯具应定位在干区的中央，浴霸、镜前灯等开关定位在门口，并设计防水罩。

② 坐便器位置的侧边，需预留一个插座；洗手柜的内侧，需预留一个插座。

第八步：过道及其他空间的电路定位。

① 长过道的灯具定位间距要保持一致，在过道两头设计双控开关。

② 玄关内的灯具应定位在吊顶的中央，开关设计在入户门的侧边。

坐便器、洗手柜插座定位

2. 画线施工详解

第一步：对电路各端口位置做文字标记。

对强电箱、开关、插座或网线等端口做文字标记。

开关文字标记

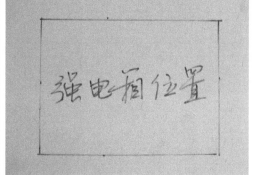

强电箱文字标记

第二步：当开关、插座以及灯位等端口确定后，画出电线的走向。

① 墙面中的电路画线，只可竖向或横向，不可走斜线，尽量不要有交叉。

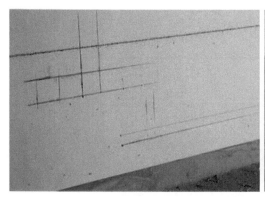

墙面画线细节

地面画线细节

② 墙面电线走向地面衔接时，需保持线路的平直，不可有歪斜。

③ 地面中的电路画线，不要靠墙脚太近，需保持 300mm 以上的距离，可避免后期墙面木作施工时对电路造成的损坏。

3. 开槽施工详解

第一步：进行地面开槽。

① 开槽需严格按照画线标记进行，地面开槽的深度不可超过 50mm。

② 地面 90° 开槽的位置，需切割出一块三角形，以便于穿线管的弯管。

开槽细节 　　　　　　　　　　　　　　　　直角处开槽

第二步：进行墙面开槽。

① 开槽时，强电和弱电需要分开，并且保持至少 150mm 以上的距离。

② 开槽时要严格按照弹线开槽，这样可保证开出的槽口平直整齐。

③ 处在同一高度的插座，开一个横槽就可以。

 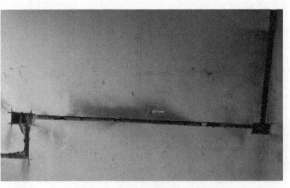

强弱电开槽 　　　　　　　　　　　　　　　　墙面开横槽

Tips　电路开槽重点分析

① 墙面开槽可分为砖墙开槽、混凝土墙开槽以及不开槽走明线几种情况，具体根据建筑采用的材料而决定采用何种开槽机刀片。

② 开槽要求位置要准确，深度要按照管线的规格确定，不能开得过深。

③ 暗敷设的管路保护层要大于15mm，导管弯曲半径必须大于导管直径6倍以上。

④ 开槽的深度应保持一致，一般来说，是PVC管的直径+10mm。

⑤ 如果插座位置靠近顶面，应在墙面垂直向上开槽，直到墙顶部顶角线的安装线内。如果插座在墙面的下部分，则应垂直向下开槽，到安装踢脚板位置的底部。

扫码看视频

2. 穿线管布管

二 布管与套管加工（附视频）

1. 布管施工重点解读

① 按合理的布局要求布管，暗埋导管外壁距墙表面不得小于30mm。

② 敷设导管时，直管段超过 30m、含有一个弯头的管段每超过 20m、含有两个弯头的每超过 15m、含有 3 个弯头的每超过 8m 时，应加装线盒。

③ 在水平方向敷设的多管（管径不一样的）并设线路，一般要求小规格线管靠左，依次排列，以每根管都平整为标准。

④ 布管排列横平竖直，多管并列敷设的明管，管与管之间不得出现间隙，拐弯处也同样。

⑤ 弱电与强电相交时，需包裹锡箔纸隔开，以起到防干扰效果。

⑥ PVC 管弯曲时必须使用弯管弹簧，弯管后将弹簧拉出，弯曲半径不宜过小，在管中部弯曲时，将弹簧两端拴上钢丝，以便于拉动。

⑦ 弯管弹簧要安装在墙地面的阴角衔接处。安装前，需反复弯曲穿线管，以增加其柔软度。

⑧ 为了保证不会因为导管弯曲

交叉处包裹锡箔纸

半径过小而导致拉线困难，故导管弯曲半径应尽可能放大。穿线管弯曲时，半径不能小于管径的 6 倍。

墙角弯管安装

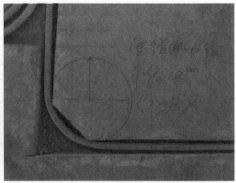
地面导管弯管

⑨ 导管与线盒、线槽、箱体连接时，管口必须光滑，线盒外侧应该套锁母，内侧应装护口。

⑩ 地面采用明管敷设时应加管夹，卡距不超过 1m。需注意在预埋地热管线的区域内严禁打眼固定。

⑪ 管夹固定需一管一个，安装需牢固，转弯处需增设管夹。

⑫ 管夹的组合有很多，有些属于组装管夹，有些属于简易管夹。

暗盒结构

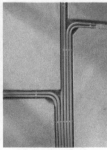
管夹固定

管夹组合

2. 套管加工详解

（1）冷煨法弯管（管径≤25mm 时使用）

① 断管：小管径可使用剪管器，大管径可使用钢锯断管，断口应锉平、铣光。

② 煨弯：将弯管弹簧插入 PVC 管内需要煨弯处，两手抓牢管子两头，将 PVC 管顶在膝盖上，用手扳，逐步煨出所需弯度，然后抽出弯管弹簧。

弯管弹簧

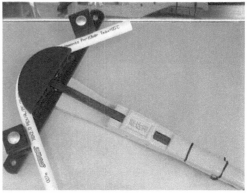

弯管器

（2）热煨法弯管（管径＞25mm 时使用）

① 首先将弯管弹簧插入管内，用电炉或热风机对需要弯曲部位进行均匀加热，直到可以弯曲时为止。

② 将管子的一端固定在平整的木板上，逐步煨出所需要的弯度，然后用湿布抹擦弯曲部位使其冷却定型。

③ 对规格较大的管路，没有配套的弯管弹簧时，可以把细砂灌入管内并振实，堵好两端管口，然后进行弯管，待弯管完成后将细砂倒出即可。

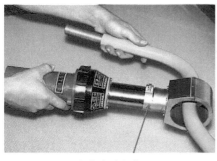

加热弯曲部位

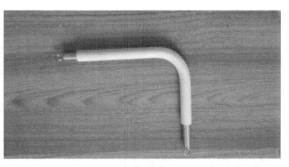

弯管成品

（3）穿线管连接

① 穿线管用胶黏剂连接后 1min 内不要移动，牢固后才能移动。

② 连接可以用小刷子粘上配套的 PVC 胶黏剂，均匀地涂抹在管子的外壁上，然后将管体插入直接接头，到达合适的位置，另一根管道做同样处理。

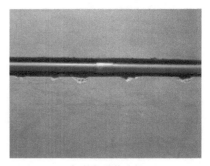

直线穿线管连接

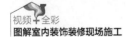

③ 管路呈垂直或水平敷设时，每间隔 1m 距离时应设置一个固定点。

④ 管路弯曲时，应在圆弧的两端 0.3~0.5m 处加固定点。

⑤ 管路进盒、进箱时，一孔穿一管。先接端部接头，然后用内锁母固定在盒、箱上，再在孔上用顶帽型护口堵好管口，最后用泡沫塑料块堵好盒口。

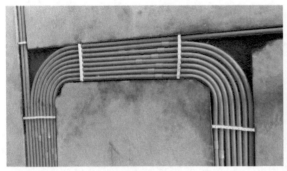

弯管处安装管夹

连接暗盒

三 穿线与电线加工（附视频）

1. 穿线施工重点解读

① 按照标准，照明用 1.5mm² 的电线，空调挂机插座用 2.5mm² 的电线，空调柜机用 4mm² 的电线，进户线用 10mm² 的电线。

扫码看视频
3.电线穿线方法

扫码看视频
4.电视线和网线的穿线

② 电线颜色应选择正确，三线制必须用三种不同颜色的电线。一般红、绿双色为火线色标，蓝色为零线色标，黄色或黄绿双色线为接地线色标。

空调挂机插座

红绿蓝三色电线

③ 同一回路电线需要穿入同一根线管中，但管内总电线数量不可超过 8 根，一般情况下 Φ16 的电线管不宜超过 3 根电线，Φ20 的电线管不宜超过 4 根电线。

④ 空调、浴霸、电热水器、冰箱的线路需从强电箱中单独引至安装位置。

⑤ 强电与弱电不应穿入同一根管线内。

⑥ 强电与弱电交叉时，强电在上，弱电在下，横平竖直，交叉部分需用铝锡纸包裹。

接头采用绝缘胶布包缠

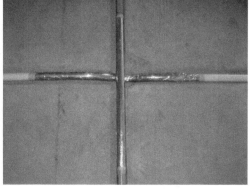
强弱电交叉

⑦ 所有导线安装必须穿入相应的 PVC 管中，且在管内的线不能有接头，穿入管内的导线接头应设在接线盒中，导线预留长度不宜超过 15cm，接头搭接要牢固，用绝缘带包缠要均匀紧密。所有导线分布到位并确认无误后即可进行通电测试。

⑧ 线管内事先穿入引线，之后将待装电线引入线管之中，利用引线可将穿入管中的导线拉出，若管中的导线数量为 2 ~ 5 根，应一次穿入。

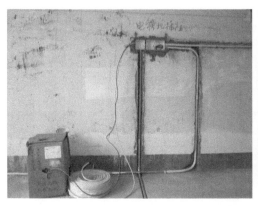

穿线准备

火线、零线穿线

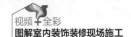
⑨ 电线总截面面积（包括外皮）不应超过管内截面面积的 40%。

⑩ 电源线插座与电视线插座的水平间距不应小于 50mm。

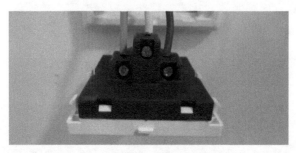

插座标准接线方法

Tips　穿线方法图解

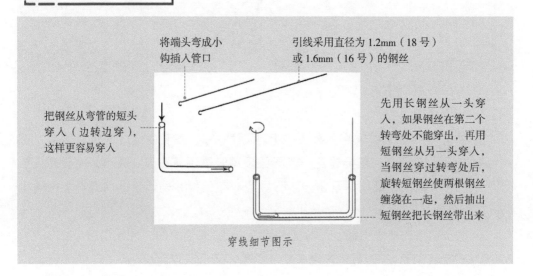

将端头弯成小钩插入管口

引线采用直径为 1.2mm（18 号）或 1.6mm（16 号）的钢丝

把钢丝从弯管的短头穿入（边转边穿），这样更容易穿入

先用长钢丝从一头穿入，如果钢丝在第二个转弯处不能穿出，再用短钢丝从另一头穿入，当钢丝穿过转弯处后，旋转短钢丝使两根钢丝缠绕在一起，然后抽出短钢丝把长钢丝带出来

穿线细节图示

2. 电线加工详解

（1）剥除电线绝缘层

第一步：首先根据所需的端头长度，用刀具以 45° 左右的角度倾斜切入绝缘层。

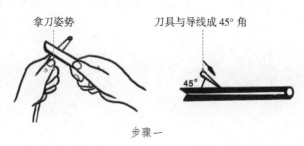

拿刀姿势

刀具与导线成 45° 角

45°

步骤一

第二步：用左手拇指推动刀具的外壳，即美工刀以 15° 左右的角度均匀用力向端头推进，一直推到末端。

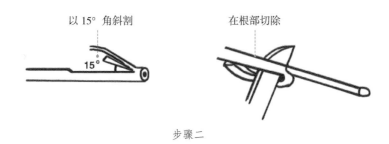

以 15° 角斜割　在根部切除

步骤二

第三步：除了这种方式以外，也可以用左手拇指按住已经翘起的那部分，这样可以让余下的部分顺利地切除下来；再削去一部分塑料层，并把剩余的部分下翻；最后用刀具将下翻的部分连根切除，露出线芯。

第四步：线芯面积大于等于 4mm² 的塑铜线绝缘层可以用美工刀或者电工刀来剥除；线芯面积在 6mm² 及以上的塑铜线绝缘层可以用剥线钳来剥除。

（2）连接单芯铜导线

① 绞接法（适用于面积为 4mm² 及以下的单芯连接）

第一步：将两线互相交叉，用双手同时把两芯线互绞 3 圈。

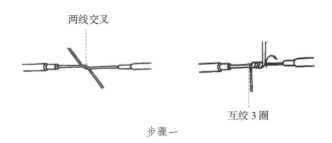

两线交叉

互绞 3 圈

步骤一

第二步：将两根线芯分别在另一根芯线上缠绕 5 圈，剪掉余线，压紧导线。

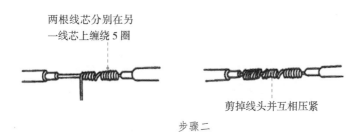

两根线芯分别在另一线芯上缠绕 5 圈

剪掉线头并互相压紧

步骤二

② 缠绕卷法直接连接（适用于 6mm² 及以上单芯线的连接）

a. 将要连接的两根导线（直径相同）接头对接，中间填入一根同直径的芯线，然后用绑线（直径为 1.6mm 左右的裸铜线）在并合部位中间向两端缠绕，其长度为导线直径的 10 倍，然后将添加芯线的两端折回，将铜线两段继续向外单独缠绕 5 圈，将余线剪掉。

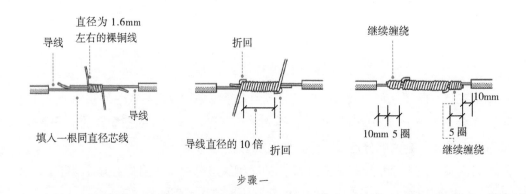

步骤一

b. 当连接的两根导线直径不相同时，先将细导线的线芯在粗导线的线芯上缠绕 5~6 圈，然后将粗导线的线芯的线头回折，压在缠绕层上，再用细导线的线芯在上面继续缠绕 3~4 圈，剪去多余线头即可。

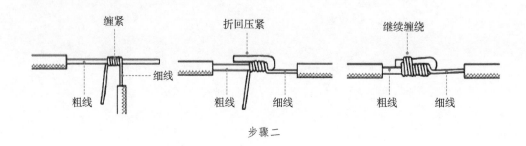

步骤二

③ 缠绕卷法分支连接（适用于 6mm² 及以上单芯线的连接）

a. T 字连接法。先将支路芯线的线头在干路芯线上打一个环绕结，再紧密缠绕 5~8 圈后剪去多余线头即可（适用于截面面积小于 4mm² 的导线）。将支路芯线的线头紧密缠绕在干路芯线上 5~8 圈后，步骤与直接连接法相同，最后剪去多余线头即可（适用于截面面积大于 6mm² 的导线）。

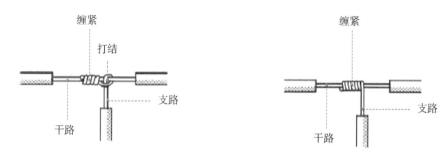

步骤一

b. 十字连接法。将上下支路的线芯缠绕在干路芯线上 5~8 圈后剪去多余线头即可。支路线芯可以向一个方向缠绕也可向两个方向缠绕。

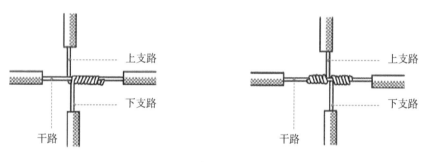

步骤二

（3）制作单芯铜导线的接线圈

采用平压式接线桩方法时，需要用螺钉加垫圈将线头压紧完成连接。家装用的单芯铜导线相对而言载流量小，有的需要将线头做成接线圈。其制作步骤如下。

第一步：将绝缘层剥除，距离绝缘层根部 3mm 处向一侧折角。

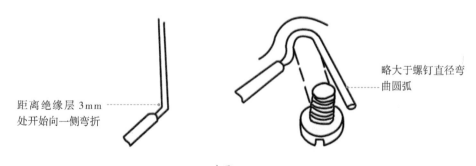

步骤一

第二步：按照略大于螺钉直径的长度弯曲圆弧，再将多余的线芯剪掉，修正圆弧即可。

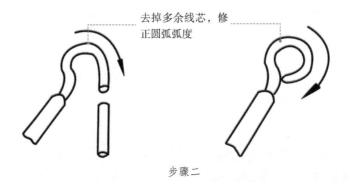

去掉多余线芯，修正圆弧弧度

步骤二

（4）制作单芯铜导线盒内封端

第一步：剥除需要连接的导线绝缘层。

第二步：将连接段并合，在距离绝缘层大于 15mm 的地方绞缠 2 圈。

第三步：剩余的长度根据实际需要剪掉一些，然后把剩下的线折回压紧即可。

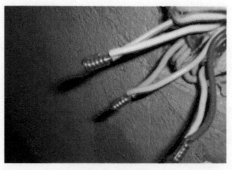

剩下的线折回压紧

（5）连接多股铜导线

① 单卷连接法直接连接

第一步：把多股导线线芯顺次解开，并剪去中心一股，再将各张开的线端相互插嵌，插到每股线的中心完全接触。

第二步：把张开的各线端合拢，取任意两股同时缠绕 5 ～ 6 圈后，另换两股缠绕，把原有两股压在里面或把余线割掉，再缠绕 5 ～ 6 圈后采用同样方法，调换两股缠绕。

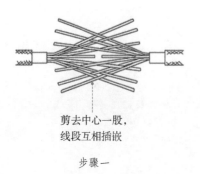

剪去中心一股，
线段互相插嵌

步骤一

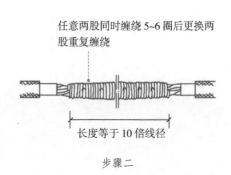

任意两股同时缠绕5~6圈后更换两
股重复缠绕

长度等于10倍线径

步骤二

第三步：以此类推，缠绕到边线的解开点为止，选择两股缠线互相扭绞 3 ～ 4 圈，余线剪掉，余留部分用钳子敲平，使其各线紧密缠绕，再用同样方法连接另一端。

② 单卷连接法分支连接

第一步：先将分支线端解开，拉直擦净分为两股，各折弯 90° 后附在干线上。

第二步：一边用另备的短线做临时绑扎，另一边在各单线线端中任意取出一股，用钳子在干线上紧密缠绕 5 圈，余线压在里面或割去。

第三步：调换一根，用同样方法缠绕 3 圈，以此类推，缠绕至距离干线绝缘层 15mm 处为止，再用同样方法缠绕另一端。

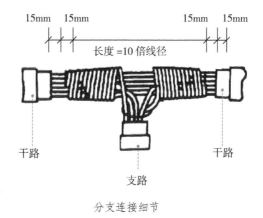

分支连接细节

③ 缠绕卷法直接连接

第一步：将剥去绝缘层的导线拉直，在其靠近绝缘层的一端约 1/3 处绞合拧紧，将剩余 2/3 的线芯摆成伞状，另一根需连接的导线也如此处理。

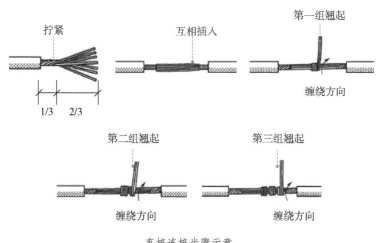

直接连接步骤示意

第二步：接着将两部分伞状对着互相插入，捏平线芯，然后将每一边的线芯分成3组，先将一边的第一组线头翘起并紧密缠绕在芯线上。

第三步：再将第二组线头翘起，缠绕在芯线上，依次操作第三组。

第四步：以同样的方式缠绕另一边的线头，之后剪去多余线头，并将连接处敲紧。

④ 缠绕卷法分支连接

a. 多股铜导线的 T 字分支连接有两种方法，一种方法将支路芯线 90° 折弯后与干路芯线并行，然后将线头折回并紧密缠绕在芯线上即可。

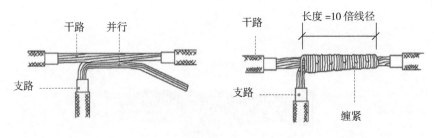

步骤一

b. 另一种方法将支路芯线靠近绝缘层的约 1/8 芯线绞合拧紧，其余 7/8 芯线分为两组，一组插入干路芯线当中，另一组放在干路芯线前面，并朝右边方向缠绕 4~5 圈。再将插入干路芯线当中的那一组朝左边方向缠绕 4~5 圈，连接好导线。

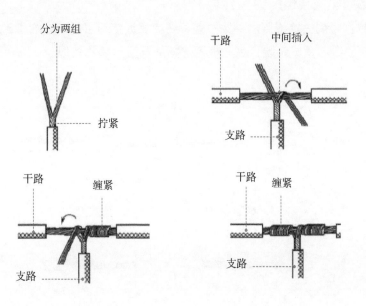

步骤二

⑤ 缠绕卷法单、多股导线连接

先将多股导线的线芯拧成一股，再将它紧密地缠绕在单股导线的线芯上，缠绕
5~8 圈，最后将单芯导线的线头部分向后折回即可。

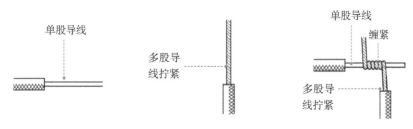

单、多股导线连接步骤示意

⑥ 缠绕卷法同一方向导线连接

a. 连接同一方向的单股导线，可以将其中一根导线的线芯紧密地缠绕在其他导
线的线芯上，再将其他导线的线芯头部回折压紧即可。

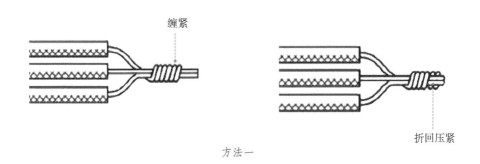

方法一

b. 连接同一方向的多股导线，可以将两根导线的线芯交叉，然后绞合拧紧。

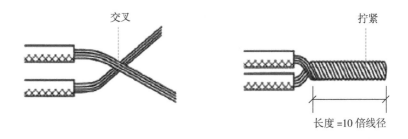

方法二

97

c.连接同一方向的单股和多股导线，可以将多股导线的线芯紧密地缠绕在单股导线上，再将单股导线的端头部分折回压紧即可。

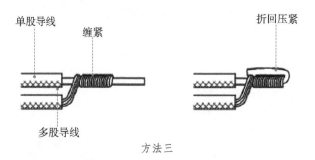

方法三

⑦ 缠绕卷法护套线与电缆的连接

连接双芯护套线、三芯护套线及多芯电缆时可使用绞接法，应注意将各芯的连接点错开，可以防止短路或漏电。

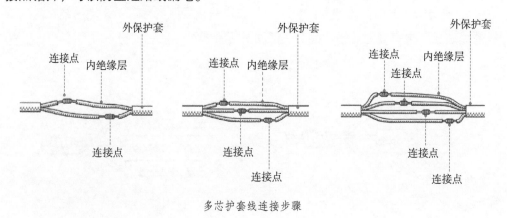

多芯护套线连接步骤

（6）装接导线出线端子

导线两端与电气设备的连接叫作导线出线端子装接。导线出线端子的装接方法如下表所示：

方法	内容
针孔式接线桩头装接（粗导线）	将导线线头插入针孔，旋紧螺钉即可
针孔式接线桩头装接（细导线）	将导线头部向回弯折成两根，再插入针孔，旋紧螺钉即可

续表

方法	内容
10mm² 单股导线装接	一般采用直接接法，将导线端部弯成圆圈，将弯成圈的线圈压在螺钉的垫圈下，拧紧螺钉即可
软线的装接	将软线绕螺钉一周后再自绕 1 圈，再将线头压入螺钉的垫圈下，拧紧螺钉
多股导线装接	横截面不超过 10mm²、股数为 7 股及以下的多股芯线，应将线头做成线圈后压在螺钉的垫圈下，拧紧螺钉
10mm² 以上的多股铜线或铝线的装接	铜接线端子装接，可采用锡焊或压接，铝接线端子装接一般采用冷压接

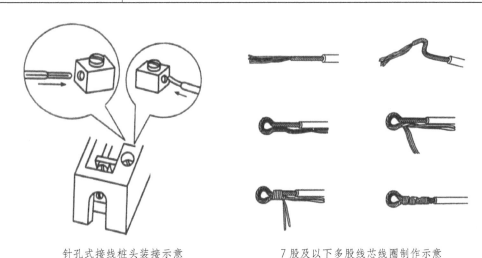

针孔式接线桩头装接示意　　　　　　7 股及以下多股线芯线圈制作示意

（7）导线绝缘处理

导线连接时会去除绝缘层，完成后需对所有绝缘层已被去除的部位进行绝缘处理。通常采用绝缘胶带进行缠裹包扎。一般 220V 下用黄蜡带、黑胶布带或塑料胶带；在潮湿场所应使用聚氯乙烯绝缘胶带或涤纶绝缘胶带。

导线绝缘处理有一字形导线接头处理、T 字分支接头处理以及十字分支接头处理三种方法。

① 一字形导线接头的绝缘处理。先包缠一层黄蜡带，再包缠一层黑胶布带。将黄蜡带从接头左边绝缘完好的绝缘层上开始包缠，包缠 2 圈后进入剥除了绝缘

层的芯线部分，包缠时黄蜡带应与导线成 55° 左右倾斜角，每圈压叠带宽的 1/2，直至包缠到接头右边两圈距离的完好绝缘层处。然后将黑胶布带接在黄蜡带的尾端，按另一斜叠方向从右向左包缠，仍每圈压叠带宽的 1/2，直至将黄蜡带完全包缠住。

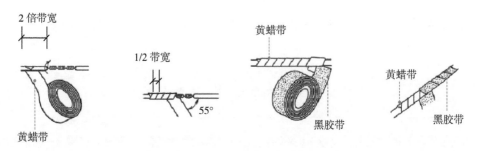

一字形导线接头的绝缘处理步骤

② 十字分支接头的绝缘处理。对导线的十字分支接头进行绝缘处理时，走一个十字形的来回，使每根导线上都包缠两层绝缘胶带，每根导线也都应包缠到完好绝缘层的 2 倍胶带宽度处。

③ T 字分支接头的绝缘处理。导线分支接头的绝缘处理基本方法同十字形导线接头的绝缘处理，T 字分支接头的包缠方向，走一个 T 字形的来回，使每根导线上都包缠两层绝缘胶带，每根导线都应包缠到完好绝缘层的 2 倍胶带宽度处。

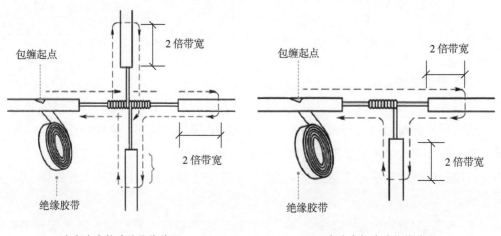

十字分支接头的绝缘处理　　　　　T 字分支接头的绝缘处理

四 家用配电箱的安装（附视频）

1. 强电箱安装详解

扫码看视频

5. 配电箱电线分布讲解

第一步： 根据预装高度与宽度定位画线。

第二步： 用工具剔出洞口，敷设管线。

剔洞口的位置不可选择在承重墙的位置。若剔洞时内部有钢筋，则应重新设计位置。

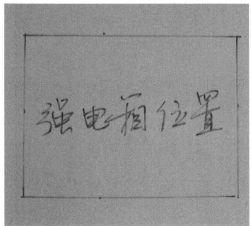

强电箱定位

剔洞

第三步： 将强电箱箱体放入预埋的洞口中稳埋。

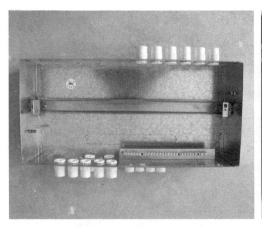

强电总箱套杯梳

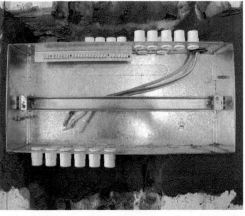

强电总箱埋设

第四步： 将线路引进电箱内，安装断路器、接线。

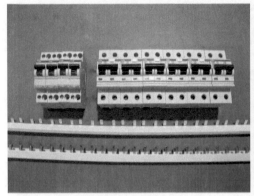

安装断路器

强电箱接线

第五步： 检测电路，安装面板，并标明每个回路的名称。

绝缘电阻测试

标明回路名称

2. 弱电箱安装详解

第一步： 根据预装高度与宽度定位画线。

第二步： 用工具剔出洞口、埋箱，敷设管线。

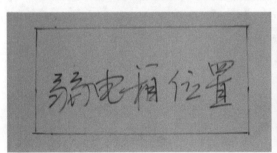

弱电箱定位

剔洞、敷设管线

第三步：根据线路的用处不同压制相应的插头。

弱电箱箱体　　　　　　　　　　　隐埋弱电箱

第四步：测试线路是否畅通。

第五步：安装模块条和面板。

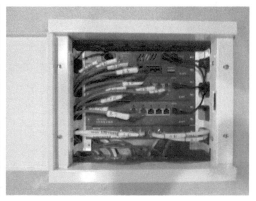

压制插头，测试　　　　　　　　　　完成成品

五 开关、插座的安装（附视频）

1. 暗盒预埋详解

第一步：按照稳埋盒、箱的正确方式将线盒预埋到位。

扫码看视频

6. 暗盒预埋

扫码看视频

7. 单底盒预留间距

预埋暗盒

第二步： 管线按照布管与走线的正确方式敷设到位。

第三步： 清除暗盒内的杂物。

用錾子轻轻地将盒内残存的灰块剔掉，同时将其他杂物一并清出盒外，再用湿布将盒内灰尘擦净。如导线上有污物也应一起清理干净。

敷设线路

清理暗盒

第四步：修剪暗盒内的导线，准备开关、插座的安装。

先将盒内甩出的导线留出 15 ~ 20cm 的维修长度，削去绝缘层，注意不要碰伤线芯。如开关、插座内为接线柱，将导线按顺时针方向盘绕在开关、插座对应的接线柱上，然后旋紧压头。

暗盒接线

2. 开关安装详解

第一步：理顺盒内导线。

当一个暗盒内有多根导线时，导线不可凌乱，彼此应区分开。

第二步：将盒内导线盘成圆圈，放置于开关盒内。

电线的端头需缠绝缘胶布或安装保护盖，暗藏在暗盒内，不可外露出来。

理顺凌乱导线

导线盘成圆圈

第三步：准备安装开关前，用锤子清理边框。

第四步：将火线、零线等按照标准连接在开关上。

锤子清理边框

开关接线

第五步：水平尺找平，及时调整开关水平。

第六步：固定开关面板。

用螺丝钉固定开关，盖上装饰面板。螺丝拧紧的过程中，需不断调节开关的水平，最后盖上面板。

水平尺调整

安装面板

Tips   开关安装位置及高度

①开关安装高度一般离地面 1.2 ~ 1.4m，且处于同一高度的高差不能超过 5mm。

②门旁边的开关一般安装在门右边，且不能在门背后。开关边缘距门边 0.1 ~ 0.2m。

③几个开关并排安装或为多位开关时，应将控制电器位置与各开关功能件位置相对应，如最左边的开关应当控制相对最左边的电器。

④靠墙书桌、床头柜上方 0.5m 高度可安装必要的开关，便于用户不用起身也可控制室内电器。

⑤厨房、卫生间、露台的开关安装应尽可能地避免靠近用水区域。如必须靠近，则应配置开关防溅盒。

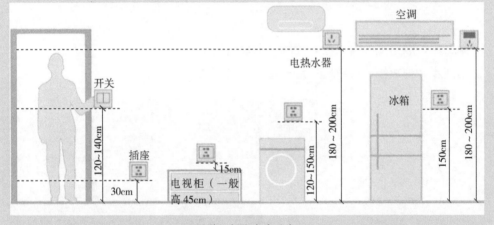

开关、插座高度示意

3. 插座安装详解

安装步骤：插座安装有横装和竖装两种方法。

横装时，面对插座的右极接火线，左极接零线。竖装时，面对插座的上极接火线，下极接零线。单相三孔及三相四孔的接地或接零线均应在上方。

①火线、地线以及零线需连接正确，并拧紧导线与开关的固定点。

②用螺丝拧紧插座面板，并及时调整水平。

插座接线

固定插座

Tips　插座安装位置及高度

插座用途	距地面高度 /m	备注
电冰箱	0.3 或 1.5	宜选择单相三极插座
分体式、挂式空调	1.8	宜根据出线管预留洞位置设置
窗式空调	1.4	在窗口旁设置
柜式空调	0.3	—
电热水器	1.8 ~ 2.0	安装在热水器右侧，不要将插座设在电热水器上方
燃气热水器	1.8 或 2.3	—
电视机	0.2 ~ 0.25（在电视柜下面的插座） 0.45 ~ 0.6（在电视柜上面的插座） 1.1（壁挂电视插座）	—
计算机	1.1	—
坐便器旁边	0.35	需要用防水插座
洗衣机	1.2 ~ 1.5	宜选择带开关三极插座
油烟机	2.15 ~ 2.2	根据橱柜设计，最好能被脱排管道所遮蔽
微波炉	1.6	—
垃圾处理器	0.5	放在水槽相邻的柜子里
小厨宝	0.5	放在水槽相邻的柜子里
消毒柜	0.5	在消毒柜后面
露台	1.4 以上	尽可能避开阳光、雨水所及范围

4. 在插座上实现开关控制插座

　　一些插座的面板上同时带有开关，可以通过开关来控制插座电路的通断，可以避免经常拔插插头，使用起来更方便，如洗衣机插座。采用此种类型的插座，不使用时可以直接关闭开关来断电，不需要拔下插头。但面板上的插座和开关是独立的，为了实现用开关控制插座，二者需要连接。连接方法如下。

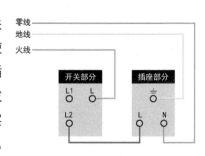

线路连接示意图

　　第一步：从开关开始，L 接火线，L1 或 L2 中的一个接到插座上的 L 孔，另一个孔空出来。

　　第二步：插座上的 N 接零线，插座上的地线接口接通地线，连接完成。

三孔插座带开关正面结构

接 L2 时 L1 空出不接，接 L1 时 L2 空出不接。两者的区别在于：一个是按钮上端按下处于开启状态；一个是按钮下端按下处于开启状态

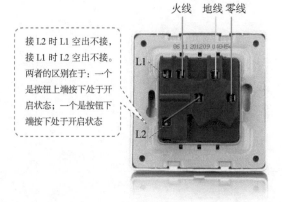

三孔插座带开关背面结构

Tips　插座面板线路结构

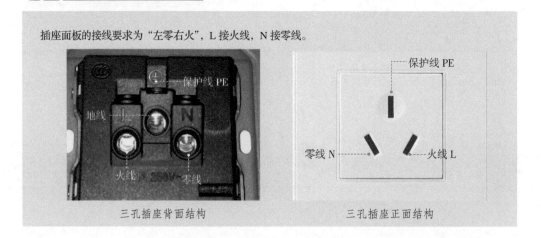

插座面板的接线要求为"左零右火"，L 接火线，N 接零线。

三孔插座背面结构　　　　　三孔插座正面结构

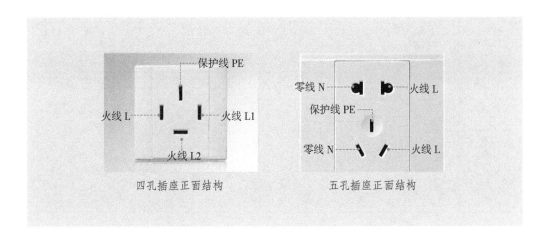

四孔插座正面结构　　　　　　五孔插座正面结构

5. 连接电视插座

第一步：处理电视电缆端头。

电缆端头剥开绝缘层露出芯线约 20mm，金属网屏蔽线露出约 30mm。

第二步：电视插座接线。

与插座面板连接，横向从金属压片穿过，芯线接中心，屏蔽网由压片压紧，拧紧螺钉。

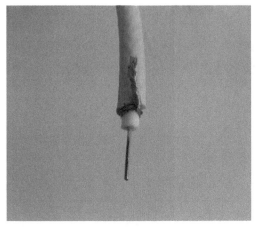

处理电缆端头

面板接线

第三步：安装电视面板。

螺丝拧紧的过程中，找好水平，然后盖上保护盖。

拧紧螺丝

盖上保护盖

6. 连接四芯线电话插座

第一步：处理四芯线电话电缆端头。

将电话线自端头约 20mm 处去掉绝缘皮，注意不能伤害到线芯。

第二步：电话插座接线。

与电话插座连接，将四根线芯按照盒上的接线示意连接到端子上，有卡槽的放入卡槽中固定好。

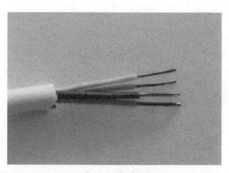

处理电缆端头

第三步：安装电话面板。

电话插座经常挨着普通插座，因为彼此顶部要平行，中间不能留有缝隙。

电话插座接线

安装电话面板

7. 连接网线插座

第一步：处理网线端头。

将距离端头 20mm 处的网线外层塑料套剥去，注意不要伤害到线芯，将导线散开。

第二步：网线插座连接。

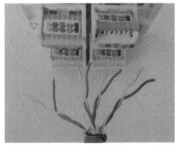
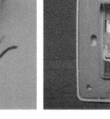

处理网线端头　　　　　　　　　　　网线插座

插线时每孔进 2 根线，色标下方有 4 个小方孔，分为 A、B 色标，一般用 B 色标。具体操作如下。

1. 打开色标盖

2. 将网线按色标分好，注意将网线拉直

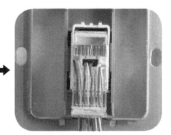

3. 将网线按照色标顺序卡入线槽

5. 完成效果图

4. 反复拉扯网线，确保接触良好，合拢色标盖时，用力卡紧色标盖

第三步：固定面板，面板保证横平竖直，与墙面固定严密。

固定面板

六 电路测试（附视频）

扫码看视频

8.万用表测试电线

1. 电路测试内容

（1）强电检测

① 检测插座通电情况。

② 照明采用亮灯测试。

③ 室内完全重新布线的家居，如别墅、旧房（二手房）强电系统，需要用 500V 绝缘电阻表测试绝缘电阻值。按照标准，接地保护应可靠，导线间和导线对地间的绝缘电阻值应大于 0.5MΩ。

（2）弱电检测

① 弱电测试可采用指针式或数字式万用表测试信号通断。

② 对于网络等多芯信号线测试，可用专用网络测试仪进行测试。

2. 检测开关

检测开关面板需要用万用表。检测开关面板的操作要点如下表所示。

方法	内容
电阻检测	用万用表电阻挡检测开关面板（未接电情况下）接线端的火线端头、零线端头通断功能是否正常。开关接通时电阻应显示为 0，断开时显示为 ∞，如果始终显示为 0 或者 ∞ 说明连接异常

方法	内容
手感检测	开关手感应轻巧、柔和，没有滞涩感，声音清脆，打开、关闭应一次到位
外表检测	面板表面应完好，没有任何破损、残缺，没有气泡、飞边以及变形、划伤

3. 检测插座

插座的检测方式有电阻检测和插座检测仪检测两种。

① 电阻检测：插座的火线、零线、地线之间正常均不通，即万用表检测时显示为∞，如果出现短路，则不能够安装。

② 插座检测仪检测：检验接线是否正确可以使用插座检测仪，通过观察验电器上 N、PE、L 三盏灯的亮灯情况，判断插座是否能正常通电。

情况	N	PE	L
接线正确	○	●	●
缺地线	○	●	○
缺火线	○	○	○
缺零线	○	○	●
火零错	●	●	○
火地错	●	○	●
火地错并缺地	●	●	●

注：●代表指示灯亮起，○代表指示灯没亮。

插座检测仪　　　　　　　　　　指示灯图表

第五节　智能家居弱电系统施工

一 广播音响系统施工

1. 广播音响系统施工详解

第一步：连接屏蔽线。

① 根据接线的需要，去除屏蔽线的最外层绝缘层，去除屏蔽线内层屏蔽层部分，去除的长度一般为 20~15mm。

② 用电工刀或剪刀在屏蔽层的适当位置拨开一个小孔，抽出内层的绝缘芯线，经

过绕制整理后在其线端浸上焊锡。在浸锡时，应用尖嘴钳夹住屏蔽线的端部，防止焊锡向屏蔽线的上部渗透，否则会在屏蔽层的中部产生硬结，容易使屏蔽线折断。

③用一根金属导线焊在已浸锡的屏蔽层位置，再套上绝缘套管或热缩性套管，即可以与接地端相接。

第二步：安装音响。

① 在室内净高允许的情况下，对大空间的场所宜采用声柱或组合音箱。

② 在噪声高、潮湿的场所布置扬声器箱时，应采用号筒扬声器。扬声器的声压级应比环境噪声大 10~15dB。

③ 扬声器或音箱的中心间距应根据空间净高、声场及均匀度要求、扬声器的指向性因素等确定。要求较高的空间，声场不均匀度不宜大于 6dB。

安装音响

第三步：扩声系统接地。

扩声系统接地的原则是一端接地，不能让屏蔽接地形成闭合回路。此外，各设备之间的信号传输回路不能让它进入馈线的屏蔽层，即不要将信号线的一端与屏蔽层连接作为信号线的一部分。

2. 广播音响系统验收内容

① 对材料、设备、部件、工具、器具等的检查验收按进场批次及隐蔽工程、安装质量等工序、进度要求进行。验收采用现场观察、核对施工图、抽查测试等方法。抽检应按国家有关规定的产品抽样检验方案执行。

② 系统完成检测后，应根据系统的特点和要求，进行合理周期的连续不中断的试运行。

③ 任何一个扬声器所输出的最大音量在距扬声器方圆 1m 的位置将不超过 90dB，但也不能低于 10dB，至少要高于外界杂音的音量。

④ 通过对响度、音色和音质的主观评价，评定系统的音响效果。

⑤ 广播音响系统的交流电源电压偏移值一般不宜大于 10%。当不能满足要求时，应装设自动稳压装置。

⑥ 当扬声器线路短路时，自动切断与功率放大器连线的功能，同时在控制台产生报警信号，表明电路发生故障。

二 可视对讲系统施工

1. 可视对讲系统施工详解

第一步：配线施工。

① 单元内主干线布线长度小于 30m 时采用 SYV75-1 同轴电缆，布线长度在 30m 以上时采用 SYV75-3 同轴电缆。

② 单元内主干线采用 RVV4x0.5 或 RW4x1.0 电缆线。当布线长度小于 30m 时用 RVV4x0.5 电缆线，布线长度在 30m 以上时采用 RVV5x1.0 电缆线。布线长度按照楼层高度来计算。

③ 线路在经过建筑物的伸缩缝及沉降处，应有补偿装置，导线应有适当余量。

第二步：安装箱盒、门。

① 箱盒安装应牢固、平整，箱盒内应保持清洁。

② 箱盒内导线应有适当的余量，铜导线的连接应符合规范。

③ 门扇顶边与门框配合活动间隙应不大于 4mm。

④ 门扇关闭状态下，门扇装锁侧与门框配合活动间隙应不大于 3mm，应有相应锁舌防撬保护设施。

⑤ 门铰与门扇的连接处，在 6000N 压力作用下，力的作用方向为门的开启方向，门框与门扇之间不应产生大于 8mm 的位移，门扇面不应产生大于 5mm 的凹变形。

第三步：安装门口主机。

① 在门上开孔，前门板开口尺寸、后门板开口尺寸大于室外主机外形尺寸 1mm，方便操作即可。

② 把传送线连接在端子和线排上，插接在室外主机上。

③ 把室外主机塞入门上的长方孔内，从门里面用 4 个螺钉固定牢固。

④ 主机的操作面均应裸露在安装面上，提供使用者进行操作。楼宇对讲系统的主机面板通常要求为金属材质，要求达到一定的防护级别，以确保主机坚固耐用。

安装完成效果

2. 可视对讲系统验收内容

① 检测门铃提示及与门口机双方通话、与管理员通话的清晰度。

② 检测访客图像（访客对讲系统）的清晰度。

③ 检测通话保密功能。

④ 检测室内开锁功能、密码开锁功能、对电控锁的控制功能是否正常。

⑤ 检测门口机的防水、防尘、防震、防拆等功能。

⑥ 检测在有火警等紧急情况下电控锁是否处于释放状态。

⑦ 检测 CCD 红外夜视（访客对讲系统）功能。

三 视频监控系统施工

视频监控系统施工步骤如下。

第一步：安装机架。

几个机架并排在一起，面板应在同一平面上并与基准线平行，前后偏差不得大于 3mm，两个机架中间缝隙不得大于 5mm。对于相互有一定间隔而排成一列的设备，其面板前后偏差不得大于 5mm。

第二步：安装控制台。

① 控制台应安放竖直，台面水平。

② 附件完整、无损伤、螺钉紧固、台面整洁无划痕。

③ 台内接插件和设备接触应可靠，安装应牢固；内部接线应符合设计要求，无扭曲脱落现象。

第三步：敷设电缆。

① 电缆长度应逐盘核对，并根据设计图上各段线路的长度来选配电缆，宜避免电缆的接续。当电缆必须接续时，应采用专用接插件。

② 墙壁电缆的敷设：沿室外墙面宜采用吊挂方式；沿室内墙面宜采用卡子方式。

③ 墙壁电缆当沿墙角转弯时，应在墙角处设转角墙担。电缆卡子的间距在水平路径上宜为 0.6m，在垂直路径上宜为 1m。

第四步：敷设光缆。

① 敷设光缆前，应对光纤进行检查，光纤应无断点，其衰耗值应符合设计要求。

② 敷设光缆时，其弯曲半径不应小于光缆外径的 20 倍。光缆的牵引端头应做好技术处理，可采用牵引力有自动控制性能的牵引机进行牵引。

③ 光缆接头的预留长度不应小于 8m。

④ 光缆敷设完毕，应检查光纤有无损伤，并对光缆敷设损耗进行抽测。确认没有损伤时再进行接续。

⑤ 光缆架设完毕，应将余缆端头用塑料胶带包扎，盘成圈置于光缆预留盒中。

第五步：安装监视器。

① 监视器的安装位置应使屏幕不受外界强光直射，当有不可避免的强光入射时，应加遮光罩遮挡。

② 与室内照明设计合理配合，以减少在屏幕上因灯光反射引起对操作人员的炫目。

③ 监视器的外部调节旋钮应暴露在方便操作的位置，并加防护盖。

④ 固定于机柜内的监视器应留有通风散热孔。

监控系统

四 入侵报警系统施工

1. 入侵报警系统施工详解

第一步：安装控制器。

① 控制器在墙上安装时，其底边距地面高度不应小于 1.5m；落地安装时，其底边宜高出地面 0.2~0.3m。正面应有足够的活动空间。

② 报警控制器必须安装牢固、端正。安装在松质墙上时，应采取加固措施。

③ 报警控制器应牢固接地，接地电阻值应小于 4Ω（采用联合接地装置时，接地电阻值应小于 1Ω）。接地应有明显标志。

第二步：敷设电缆。

① 电源电缆与信号电缆应分开敷设。

② 电缆穿管前应将管内积水、杂物清除干净。穿线时涂抹黄油或滑石粉，进入管口的电缆应保持平直，管内电缆不能有接头和扭结。穿好后应做防潮，防腐处理。

③ 管线两固定点之间的距离不得超过 1.5m。

④ 明装管线的颜色、走向和安装位置应与室内布局协调。

第三步：敷设光缆。

① 光缆敷设一段后，应检查光缆有无损伤，并对光缆敷设损耗进行抽测，确认无损伤时，再进行接续。

② 光缆接续应由受过专门训练的人员操作，接续时应用光功率计或其他仪器进行监视，使接续损耗最小。接续后应做接续保护，并安装好光缆接头护套。

③ 光缆端头应用塑料胶带包扎，盘成圈置于光缆预留盒中，预留盒应固定在电杆上。地下光缆引上电杆，必须穿入金属管。

④ 光缆敷设完毕时，需测量通道的总损耗，并用光时域反射计观察光纤通道全程波导衰减特性曲线。

2. 入侵报警系统验收内容

① 对入侵探测器的安装位置、角度、探测范围做步行测试和防拆保护的抽查，抽查室外周界报警探测装置形成的警戒范围，应无盲区。

② 抽查系统布防、撤防、旁路和报警显示功能，应符合设计要求。

③ 当有联动要求时，抽查其对应的灯光、摄像机、录像机等联动功能。

④ 对于已建成区域性安全防范报警网络的地区，检查系统直接或间接联网的条件。

⑤ 检测入侵报警系统与电视监控系统，出入口门禁管理系统相关安全防范系统的联动功能。

第六节 电路施工现场快速验收

1. 开工之前的电路验收

① 拉下室内的总闸、分闸，看是否能够完全地控制室内供电。

② 打开所有灯的开关，看是否全部能亮。

③ 试一下所有的插座，查看是否通电。

④ 查看电表是否通电，运行是否正常。

2. 电路施工过程中的验收

① 检查材料是否符合卫生标准和使用要求，型号、品牌是否与合同相符。

② 定位画线后，检查一下定位及线路的走向是否符合图纸设计，有无遗漏项目。

③ 检查槽路是否横平竖直、槽路底层是否平整无棱角。

④ 检验材料是否为合格品，所选电线的大小是否符合敷设要求。

⑤ 检查电路管道的敷设是否符合规范要求，包括强电管路和弱电管路。

⑥ 查看电线穿管情况，中间是否没有接头，盒内预留的电线数量、长度是否达标，吊顶内的电线是否用防水胶布做了处理。

⑦ 与水路相近的电路，槽路是否做了防水、防潮处理。

⑧ 电箱和暗盒的安装是否平直，误差是否符合要求，埋设得是否牢固。

⑨ 电箱的规格、电箱内的空气开关设计是否与图纸相符。

⑩ 电线与其他线路的距离是否达到要求数值。

3. 收尾阶段的验收

① 用相位仪检测所有插座，看是否有接错线的情况。

② 检查所有墙壁开关开合是否顺畅、没有阻碍感。

③ 检查同一个室内的开关、插座高度是否符合安装规范，误差是否在要求数值之内。

④ 检查各个开关、插座安装是否牢固，打开开关，检验是否所有的灯都能亮。

⑤ 打开电箱，查看强电箱、弱电箱是否能够完全对室内线路进行控制。

⑥ 强电箱内是否所有电路都有明确支路名称，电箱安装是否牢固，包括内部分闸。

⑦ 所有弱电插口包括电话、网络、有线电视是否畅通。

⑧ 距离地面30cm高的插座是否有保险装置。

⑨所有灯具安装是否牢固并符合规范要求。

第七节 电路施工常见现场问题处理

（1）强弱电可走同一根线管吗？

答：不可以，如果走同一根线管会存在信号干扰问题。强电对数字信号几乎没有干扰，对模拟信号干扰很大，比如从机顶盒出来的视频线挨着电源线，干扰就会很厉害。现在的网线、电视线都是数字传输，只有工控的传感器，感温头、感光、感烟、感压等是模拟信号，若屏蔽不好，干扰会很严重。

（2）测电笔怎么用？

答：在使用测电笔时，可参考下面操作进行。

① 用测电笔区别交流电和直流电：交流电通过测电笔时，氖泡里的两个极同时发亮；直流电通过测电笔时，氖泡里两个极只有一个发亮。

② 用测电笔区别相线和零线：在交流电路里，当测电笔触及导线（带电体）时，测电笔发亮的是相线，正常情况下测零线是不会发亮的。

③ 用测电笔估算被测电压的高低：一支经常使用的测电笔，可以根据氖泡发亮的强弱来估计电压的大约数值。因为在测电笔的使用电压范围内，电压越高氖泡越亮。

④ 用测电笔检查带电设备相线碰壳故障：

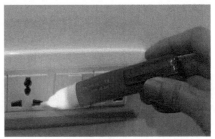

测电笔测试

用测电笔触及电气设备的壳体（如电机、变压器外壳等），若氖泡发亮，则是相线与壳体相接触（或是绝缘不良），说明该设备有漏电现象。如果在壳体上有良好的接地装置，氖泡是不会发亮的。

⑤ 用测电笔检查三相负荷不平衡和线圈匝间、相间短路：设备（电机、变压器等）各相负荷不平衡或内部匝间、相间短路以及三相交流电的中性点位移时，用测电笔测量中性点就会发亮，这说明该设备的各相负荷不平衡，或者内部有匝间或相间短路。上述现象只在故障较为严重时才能反映出来，因为测电笔要在达到一定的电压值时才能启动。

⑥ 用测电笔检查线路接触不良：线路接触不良或不同电气系统互相干扰时，用测电笔触及带电体，发现氖泡闪烁则可能是因为线头接触不良所致，也可能是两个不同的电气系统互相干扰。这种闪烁现象在照明灯上可以明显地看出。

（3）怎样接电线才不会出问题？

答：正确的接电线步骤如下。

① 应该等到 PVC 管安装好后，再统一穿电线。

② 同一回路电线应穿入同一根管内，但管内总根数不应超过 4 根。管内导线的总截面积不应超过管内径截面积的 40%。

③ 穿入配管导线的接头应设在接线盒内，线头要留有 150 mm 的余量。

处理电线接头

④ 接线时应该先进行涮锡，然后用胶布缠绕 7 圈，绝缘带包缠应均匀紧密。

⑤ 管内穿线应分色，火线红色，零线蓝色或黑色，接地线为黄绿相间双色线。

⑥ 面向插座，上零下火或左零右火，接地为 2.5 mm2 的双色软线。

⑦ 连接开关、螺口灯具时，应该相线先接开关。

⑧ 有的装修不穿地线（用 4 分管，地线根本穿不进去），这样做很危险，对于带有金属外壳的电器，所使用的电线必须接有地线，以防止发生漏电危险。

⑨ 电暖器安装不得使用普通插座，不得直接装在可燃构件上。

⑩ 卫浴插座应安装防溅盒。

⑪ 在走线的位置做出标记，开槽埋线后、封墙前，拍照片留证（特别是厨房），完工后给出完整电路图，以方便日后维修。

（4）地线要怎么连接？

答："接地线"每套三组，每组由导线端线卡、短路线和接地端线卡连接成一体，使用时分组进行操作。按规程规定先验电，确认已停电后，首先将接地端线卡紧固在接地极上，然后按停电线路电压等级选定操作棒，将导线端线卡挂在导线上。工作完毕，应先拆除导线端线卡，后拆除接地端线卡。

（5）配线槽要如何安装？

答：长条状的配线槽可收纳、隐藏电线，沿着踢脚板安装收纳，既整齐又安全。配线槽的上盖可以分开，将电线收纳在 n 形的沟槽中。将上盖用力压一下，就可以将电线整合起来。配线槽的底部有双面胶，可沿着踢脚板粘贴，内弯接头可以美化墙面衔接处；外弯接头可以美化外墙角衔接处的缺口；L 形接头可以美化直角转弯的缺口处。末端长度需要自己小心裁断，必要时也可以再加上末端装饰盖。

（6）如何判断电路短路？

答：电路短路就是指电流没有经过用电器而直接构成通路。发生短路时，电路中的电阻很小，电流很大，保险丝自动熔断。

判断短路故障的常见方法是：断开所有用电器和总开关，然后将火线上的保险丝取下，换上一只额定电压为 220V 的灯泡，闭合总开关，若发现这个灯泡正常发光，则电路中存在短路；若发现这个灯泡发光较暗，则电路可能是正常的。

（7）哪些情况属于电路接触不良？

答：电路接触不良是比较复杂的一个问题，具体情况有如下几种。

① 导线与导线连接处接触不良：在所有接触不良引发火灾的原因中，线路接头处接触电阻过大引起的火灾位居第一位。电气线路的连接处，若存在接点接触松弛，接点间的电压足以击穿空气间隙形成电弧，迸出火花，点燃附近的可燃物形成火灾。

② 导线与电器设备的连接处接触不良：电器设备违反接线方式，连接不牢，或维护保养不良，或长期运行过程中在接头处产生导电不良的氧化膜，或接头因振动、热的作用等，使连接处发生松动、氧化造成接触电阻过大。

③ 插头与插座的接插部位接触不良：各种电源，用电设备、装置，照明灯具，电热器具，家用电器等插头与插座的接插部位接触松动或接触不良，会产生电弧、火花而引起火灾。

④ 导线与开关接线端连接处接触不良：导线与电源和电器设备的自动空气开关或手动刀闸开关接触不良、连接点松动，造成接触电阻过大，会使得局部过热和产生击穿电弧或电火花引燃可燃物。

（8）跳闸、电线走火了怎么办？

答：空气开关和漏电保护器一定要分清，其中漏电保护器的体积最大，后面体积小的都叫空气开关。首先把所有的空气开关包括漏电保护器全拉下，然后开始送闸，先把漏电保护器送上，再一一送空气开关。

如果送漏电保护器就送不上的话，那就有可能就是漏电保护器的问题，换一个即可；如果不跳闸那就继续送闸，如果跳闸了，那就说明就是该路电路的问题；推不上闸的空气开关先别管，继续送后面的空气开关，然后检查家里哪路电没电。

然后把所有的电器插座全部拔下，再送一下刚才没送上的空气开关看看，如果还是送不上，把空气开关箱上的盖子卸下，再把电路的零线和地线全拔离总线，看看是否火线漏电。用电笔测下拔离的零线和地线是否传电，一般不使用大功率电器的话，零线和地线是不会传电的。如果零线和地线没问题的，就可以把零线和火线调换一下。火线漏电，把它做成地线是没关系的。地线接到空气开关的底下，然后把电路的所有插座里的地线和火线全部调换下位置即可。

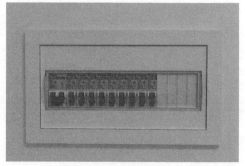

家装总空开箱

（9）总空开常跳闸是怎么回事？

答：总空开跳闸的原因有如下四种。

① 如果平时不跳而当使用某个电器时就跳闸或容易跳闸，那就说明这个电器有漏电的地方或有绝缘不好的地方。

② 如果只要使用某一个线路，即某个线路一旦供电就跳，那就说明这条线路有漏电的地方。

③ 如果当某一个电器使用时，刚开始不跳，而等一会就跳，那就说明这个电器的绝缘老化了，热稳定性变差而发生漏电。

④ 如果是使用耗电功率相对较大的电器或家里有较多的用电设备在使用，这个时候跳闸，那就说明家里跳闸的空气开关（家用的 PVC 空气开关或漏电保护器）的额定电流选小了，应该换一个适宜的额定电流比较大的漏电保护器。

第四章
泥瓦工现场施工

　　泥瓦工施工属于中期工程，在水电施工结束后进场施工，施工内容主要包括地砖、墙砖的铺贴，墙体的砌筑以及地面的找平等，其中墙地砖的铺贴是技术含量要求较高的施工环节，要求铺贴平直，不可有空鼓、翘边等情况发生。泥瓦工进场后，首先砌筑墙体，然后进行厨卫墙砖的铺贴、客餐厅地砖的铺贴。若卧室铺贴木地板，则需要地面找平施工。在泥瓦工施工结束后，需要对地面进行保护，防止后期施工项目划伤瓷砖。

第一节〉常用工具和材料

1. 泥瓦工常用工具

泥瓦工常用工具如下表所示。

抹泥刀

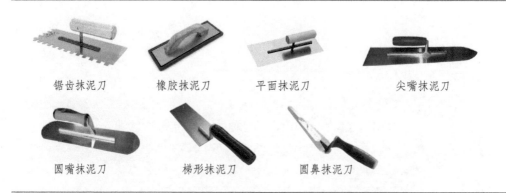

锯齿抹泥刀　　　橡胶抹泥刀　　　平面抹泥刀　　　尖嘴抹泥刀

圆嘴抹泥刀　　　梯形抹泥刀　　　圆鼻抹泥刀

抹泥刀又名抹泥板，是泥瓦工工具，由刀体和刀柄组成，为抹平填敷泥灰工具。抹泥刀按材质分为碳钢、锰钢和不锈钢抹泥刀等；按形状分为带齿抹泥刀（齿有尖齿、方齿和弧形齿）和平边抹泥刀等

水泥桶

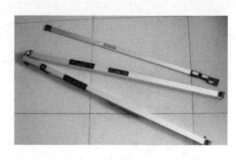

靠尺

用于专门承装水泥的塑料桶，一般桶壁较厚，耐磨度高，有较好的柔软度，且不易断裂。把手一般由钢丝制成	靠尺是一种检测工具，主要用于检测墙地砖的铺贴平整度、垂直度等

 角尺	 云石机
角尺是指具有圆周度数的一种角形测量绘图工具（三角尺），用于测量墙地砖阴阳角的垂直度和平直度等	云石机也称为石材切割机、手持切割机，是可以用来切割石料、瓷砖、木料等材料的机器。其根据不同的切割材质选用相应的锯片，大握把设计使双手握持更舒适
 吊线垫	 手铲
又称吊砣、铁砣，主要用于瓦工贴墙砖中的吊线，用来测量垂直度，以保证墙砖粘贴的平直	简称铲子，由不锈钢和木手柄制作而成，常搭配抹泥刀共同使用，用于墙地砖、砖墙的粘贴和砌筑
 手动瓷砖推刀	 飞机钻
手动瓷砖推刀，又称手动自测型瓷砖切割机、手动瓷砖划刀、手动瓷砖切割机、手动瓷砖拉机等，主要用于硬度较高的瓷砖的切割，可避免发生崩边的情况	飞机钻属于电钻的一种，转速较慢，功率较大，主要用于水泥和腻子粉的搅拌。通过飞机钻搅拌出来的水泥砂浆更加细腻、均匀

2. 泥瓦工常用材料

（1）釉面砖

釉面砖是装修中最常见的砖种，其色彩图案丰富，而且抗污能力强。根据其表面光泽的不同，又可以分为光面和亚光两类。

（2）玻化砖

玻化砖是瓷质抛光砖的俗称，属通体砖的一种，色彩较为柔和。其具有表面光洁、易清洁保养、耐磨耐腐蚀、强度高、用途广等特点。

釉面砖

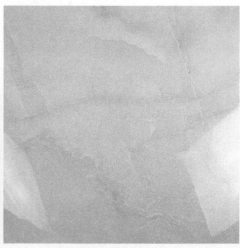

玻化砖

（3）微晶石

属玻璃与陶瓷的结合体，本质是一种陶瓷玻璃，性能优于天然及人造石材，不需要特别的养护，装饰效果华丽、独特。

微晶石

抛光砖

（4）抛光砖

一种天然仿石材产品，表面光滑质感佳、耐重压、非常耐用。尺寸越大，其厚度越厚，价格也越高。

（5）仿古砖

实际是上釉的瓷质砖，通过样式、颜色、图案，营造出怀旧的氛围。仿古砖品种、花色较多，规格齐全，而且还有适合厨卫等区域使用的小规格的砖，可以说是抛光砖和瓷片的合体。

（6）天然大理石

天然大理石的纹路和色泽浑然天成、层次丰富，非常适合用来营造华丽风格的家居。大理石的莫氏硬度虽然只有3，但不易受到磨损，在家居空间中适合用在墙面、地面、台面等处做装饰。若应用面积大，还可采用拼花，使其更显大气。

仿古砖

天然大理石

（7）人造大理石

人造石通常是指人造石实体面材、人造石英石、人造花岗石等。相比传统建材，人造石不但功能多样、颜色丰富，应用范围也更广泛。其特点为无毒、无放射性，阻燃、不渗污、抗菌防霉、耐磨、耐冲击、易保养、无缝拼接、造型百变。

（8）马赛克

马赛克又称锦砖或纸皮砖，主要用于铺地或内墙装饰，也可用于外墙饰面。其款式多样，常见的有陶瓷马赛克、金属马赛克、贝壳马赛克、玻璃马赛克以及夜光马赛克等，装饰效果突出。

人造大理石

马赛克

（9）红砖

红砖是以黏土、页岩、煤矸石等为原料，经粉碎、混合后以人工或机械压制成型。红砖被广泛地应用在建筑领域，尤其是室内装修的隔墙砌筑、洗手台砌筑等。

（10）空心砖

空心砖是指孔洞尺寸大且数量少的砖，常用于非承重部位。空心砖分为水泥空心砖、黏土空心砖、页岩空心砖。空心砖是建筑行业常用的墙体主材，由于具有质轻、消耗原材少等优势，已经成为国家建筑部门首先推荐的产品。

红砖

空心砖

（11）河砂

河砂是天然石在自然状态下，经水的作用力长时间反复冲撞、摩擦产生的，其成分较为复杂，表面有一定光滑性。河砂颗粒圆滑、比较洁净、来源广，多应用于建筑工程中。

（12）水泥

水泥是一种粉状材料，加水搅拌后成为浆体，主要用于墙地砖的粘贴中。水泥和砂子经常搅拌在一起使用，二者掺杂的比例可不同，通常是砂子和水泥的比例为3：1。

河砂　　　　　　　　　　　　水泥

（13）填缝剂

砖石填缝剂呈粉状，国内一般销售的是小包装。它具有持久、防水、耐压等特点，是一般填缝材料白水泥的替代品，用于高级装饰工程，可填充各种石材及瓷砖缝隙。

填缝剂

第二节 泥瓦施工质量要求

1. 砌墙施工质量要求

① 施工前先用墨斗弹出统一的水平线、房间地面整体的纵横直角线、墙体垂直线。

② 砖、水泥、砂子等材料应尽量分散堆放在施工时方便可取之处，避免二次搬运。绝对不能全部堆放在一个地方，同时水泥应做好防水防潮措施。黏土砖或者砌块必须提前浇水湿润，施工时将地面清扫干净。

沙子、水泥等分区域堆放

③ 砌砖时砂与水泥比例为 3∶1，水泥强度等级不得低于 32.5 级，应尽量选用大小统一、方正有角的砖块，砂的含泥量不得高于 5%。

④ 卫生间及厨房必须设地梁，地梁处必须清除原有的防水层，不能在原有的防水层或者砂浆层上直接砌筑。地梁的高度不得低于 15cm，宽度一般按照砖的宽度即可，浇筑地梁前应先冲洗地面，并用素水泥浆做结合处理。

拉线砌墙

⑤ 应拉线砌砖，以保证每排砖缝水平、主体垂直，不得有漏缝砖，每天砌砖高度不得超过 2m。砌墙当天砖不能直接砌到顶，必须间隔 1~2d，到顶后原顶白灰必须预先铲除后方可施工，最顶上一排砖必须按 45° 斜砌，并按照反向安装收口，墙壁面应保持整洁。反向安装收口，墙壁面应保持整洁。

墙体顶层采用 45° 斜砌

⑥ 新旧墙连接处每砌 60cm 插入 1 根 φ6L 形钢筋，其长度不得少于 40cm。钢筋入墙体或柱内须用植筋胶固定。新旧墙表面水平或直角连接必须用钢丝网加强防裂处理，两边宽度不得少于 15cm，并应牢固固定。

⑦ 墙面粉刷前必须提前半天冲水湿透，必须设置垂直标筋，标筋间距不得大于 1.2m。粉刷砂浆砂与水泥比例为 4：1，阴阳角应用钢板拉直角直线，表面用海绵抛光。

⑧ 新旧墙体交接处粉刷须"挂网"，网径尺寸为 10mm×10mm。沿新旧墙体各伸入 100mm，用 1：3 砂浆粉刷，粉刷厚度不可超过 35mm。如果超过则必须用加强网，以避免空鼓脱落。

墙体内增加钢筋

2. 墙砖铺贴施工质量要求

① 墙面砖铺贴前应浸水 0.5~2h，以砖体不冒泡为准，取出晾干待用。

② 贴前应选好基准点，进行放线、定位和排砖，非整砖应排放在次要部位或阴角处。每面墙不宜有两列非整砖，非整砖宽度不宜小于整砖的 1/3。

③ 贴砖前应确定水平及竖向标志，垫好底尺，挂线铺贴。墙面砖表面应平整、接缝应

新旧墙体处挂网

墙砖浸水

平直、缝宽应均匀一致。阴角砖应压向正确，阳角线宜做成 45°对接，在墙面突出物处，应整砖套割吻合，不得用非整砖拼凑铺贴。

放线、定位和排砖

阳角处采用 45°拼接工艺

靠尺检查平直度　　　　　　　　角尺检测阴角

④ 水泥应使用 42.5 级水泥，结合砂浆宜采用 1：2 水泥砂浆，砂浆厚度宜为 6~10mm。水泥砂浆应满铺在墙砖背面，一面墙不宜一次铺贴到顶，以防塌落。

⑤ 木作隔墙贴墙砖应先在木作基层上挂钢丝网，做抹灰基层后再贴墙砖。

⑥ 墙砖粘贴时，平整度若用 1m 靠尺检查，误差 ≤1mm；若用 2m 靠尺检查，平整度 ≤2mm。相邻间缝隙宽度 ≤2mm，平直度误差 ≤3mm，接缝高低差 ≤1mm。

⑦ 腰带砖在镶贴前，要检查尺寸是否与墙砖的尺寸相互协调，下腰带砖下口离地不低于 800mm，上腰带砖离地 ≤1800mm。

⑧ 墙砖镶贴过程中，砖缝之间的砂浆必须饱满，严禁空鼓。伤角面砖必须更换。墙砖的最上面一层贴完后，应用水泥砂浆把上部空隙填满，以防在做扣板吊顶打眼时将墙砖打裂。

⑨ 墙砖的最下面一层应留到地砖铺完后再补贴。第二次采购墙砖时，必须带上样砖，以便挑选同色号砖。

⑩ 墙砖与洗面台、浴缸等的交接处，应在洗面台、浴缸安装完后方可补贴。墙砖与开关插座暗盒开口切割应严密，不得有墙砖贴好后

墙砖最下面一层最后粘贴

上开关面板时面板盖不住缝隙的现象。

⑪ 墙砖镶贴中遇到开关面板或水管的出水孔在墙砖中间时，墙砖不允许断开，应用切割机掏孔，掏孔应严密。

墙砖水孔预留标准

墙砖开插座预留标准

⑫ 墙砖镶贴时，应考虑与门洞的交口应平整，门边线应能完全把缝隙遮盖住。

⑬ 墙砖铺贴完后 1h 内必须用干勾缝剂（或白水泥）勾缝，完工后应清洁干净。交工验收前再清缝一次，以保证缝清洁干净。

⑭ 贴亚光面砖时，必须采用毛巾或者软布擦拭表面，不得用清洁球擦。

墙砖铺贴完成后及时勾缝

采用软抹布擦拭表面

3. 地砖铺贴施工质量要求

① 混凝土地面应将基层凿毛，凿毛深度 5~10mm，凿毛痕的间距为 30mm 左右。清除浮灰、砂浆、油渍，在地面上洒水刷扫，或用掺 108 胶的水泥砂浆拉毛。抹底子灰后，底层六、七成干时，进行排砖弹线。基层必须处理合格。基层洒水可提前一天实施。

弹线

排砖

② 铺贴前应弹好线，在地面弹出与门口成直角的基准线，弹线应从门口开始，以保证进口处为整砖，非整砖置于阴角或家具下面，弹线应弹出纵横定位控制线。正式粘贴前必须粘贴标准点，用以控制粘贴表面的平整度，操作时应随时用靠尺检查平整度，不平、不直的，要取下重粘。

③ 铺贴陶瓷地面砖前，应先将陶瓷地面砖浸泡 2h 以上，以砖体不冒泡为准，取出晾干待用。以免影响其凝结硬化，发生空鼓、起壳等问题。

陶瓷地砖浸水

④ 铺贴时，水泥砂浆应饱满地抹在陶瓷地面砖背面，铺贴后用橡皮锤敲实。同时，用水平尺检查校正，擦净表面水泥砂浆。铺贴时遇到管线、灯具开关、卫生间设备的支承件等，必须用整砖套割吻合。

⑤ 铺贴完 2~3h 后，用白水泥擦缝，用水泥：砂为 1：1（体积比）的水泥砂浆，缝要填充密实，使其平整光滑，再用棉丝将表面擦净。铺贴完成后，2~3h 内不得上人。马赛克应养护 4~5d 才可上人。

铺砖施工

地砖勾缝

第三节 泥瓦施工主要流程

砌筑隔墙施工 ⟶ 地面找平施工 ⟶ 墙砖铺贴 ⟶ 地砖铺贴
⟶
施工验收 ⟵ 窗台铺贴

泥瓦施工主要流程

（1）砌筑隔墙施工

砌筑隔墙施工是与水电施工同时进行的，这是因为要考虑将新改的水电管路隐埋在墙体中。砌筑隔墙之前，需要将水泥、砂子和红砖等材料运送到现场；在砌筑的过程中，需不断地检测墙体的垂直度、表面的平整度。

红砖砌筑

（2）地面找平施工

待墙体砌筑、水电完工之后，瓦工正式进场，并开始地面找平施工。地面找平分为两部分，一部分是地砖铺贴找平，另一部分是木地板地面找平。

墙面找平施工

地面找平施工

（3）墙砖铺贴

墙砖铺贴主要集中在厨房和卫生间中。墙砖铺贴有一定的次序，先从阳角或门窗位置开始，遵循从下到上、从左到右的顺序铺贴。铺贴的速度不可过快，要一边铺贴，一边检查水平、牢固度等问题，避免返工。

（4）地砖铺贴

地砖铺贴的面积较大，除了卧室和书房之外，一般其他空间都需要铺贴地砖。地砖铺贴分为干铺法和湿铺法两种，一般从门口位置开始，这样可以保证整块的瓷砖呈现在醒目位置，切割的瓷砖隐藏在边角处。

墙砖铺贴

地砖铺贴

（5）窗台铺贴

客厅、卧室和书房等空间的窗台会选择石材铺贴，而卫生间、厨房的窗台会选择瓷砖铺贴。窗台铺贴施工不像墙、地砖铺贴那样复杂，却要注重细节，如"窗耳朵"的处理，窗台与窗户的衔接缝隙等。

（6）施工验收

泥瓦工的施工验收主要集中在墙地砖的铺贴质量上，主要内容包括检查色差、划痕、勾缝均匀度和空鼓、翘边等情况。在施工验收时发现问题应及时解决，等瓦工离场后维修就变得麻烦了。

窗台石材铺贴

墙砖施工验收

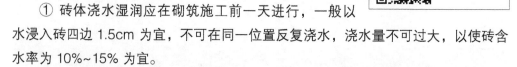

第四节 泥瓦工现场施工详解

一 隔墙砌筑施工（附视频）

扫码看视频

1.隔墙砌筑施工

第一步：砖体浇水湿润。

① 砖体浇水湿润应在砌筑施工前一天进行，一般以
水浸入砖四边 1.5cm 为宜，不可在同一位置反复浇水，浇水量不可过大，以使砖含
水率为 10%~15% 为宜。

② 在雨季，砖体浇水以湿润为主，在干燥季节，应增加砖体的浸水度。

③ 在新砌墙和原结构接触处，需浇水湿润，确保砖体的黏结牢固度。

轻体砖浇水湿润

原结构处浇水湿润

第二步：放线。

① 放线之前先清理地面，去除明显的颗粒，并将凹凸
不平处凿平。

② 确定新砌墙体的位置有无门口、窗口，在门口或窗
口的宽度、高度上放线标记。

③ 在砌墙的两边放垂直竖线做标记，以计算砖墙的铺
贴方式。

④ 在墙体的阴角、阳角处放线，构造出墙体的轮廓。

⑤ 在离地 500mm 左右的位置放横线，随着砖墙向
上砌筑而不断上移，并与砖墙始终保持 200mm 左右的
距离。

⑥ 在必要的位置放十字线，以起到校准墙体的作用。

红砖墙上侧放线

垂直线标准放线

第三步：制备砂浆。

用于砌筑在砖体内部粘贴的水泥砂浆，水泥和砂应保持 1：3（体积比）的比例；用于粘贴在砖体表面的水泥砂浆，可采用全水泥，也可采用水泥：砂 =1：2（体积比）的比例。

将水泥、砂按照 1：3 比例搅匀

倒入水，使其均匀渗透

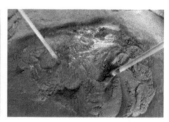

搅拌水泥砂浆至均匀

第四步：砌筑墙体。

① 砌砖宜采用一铲灰、一块砖、一挤揉的"三一"砌砖法，即满铺满挤操作法。砌砖一定要跟线，按"上跟线、下跟棱，左右相邻要对平"方法砌筑。

② 水平灰缝厚度和竖向灰缝宽度一般为10mm，但不应小于8mm也不应大于12mm。

③ 砌筑砂浆应随搅拌随使用，水泥砂浆必须在 3h 内用完，水泥混合砂浆必须在 4h 内用完，不得使用过夜砂浆。

④ 在新旧墙体的衔接处、在两面墙体连接的内部，则必须每隔60cm 置入一根长度不小于40cm 的 ϕ 6mm 粗 L 形钢筋，并采用植筋胶水进行二次固定，而在墙体连接点的外部，需要铺设一张宽度不少于 15cm 的钢丝网，用以增强两者连接的紧密性。

单坯墙砌筑细节

增挂钢丝网

红砖墙预埋线路

第五步：墙面抹水泥层。

从上往下打底，底层砂浆抹完后，将架子升上去，再从上往下抹面层砂浆。应注意在抹面层灰以前，应先检查底层砂浆有无空裂现象，如有空裂，应剔凿返修后再抹面层灰；另外应注意底层砂浆上的尘土、污垢等应先清理干净，浇水湿润后方可进行面层抹灰。

抹灰细节   完成效果

二 地面找平施工（附视频）

1. 水泥砂浆找平详解

第一步：清理基层。

① 先把基层上的灰尘扫掉，然后用钢丝刷干净，刷掉灰浆皮和灰渣层，然后用 10% 的火碱水溶液刷掉积沉的一些油污，并用清水及时把碱液冲洗干净。

② 用喷壶在地面基层上均匀地洒一遍水。

第二步：墙面标记，确定抹灰厚度。

① 根据墙上 1m 处水平线，往下量出面层的标高，并弹在墙面上。

② 根据房间四周墙上弹出的面层标高水平线，确定面层抹灰的厚度，然后再拉水平线。

清理之后的地面

扫码看视频

2.水泥砂浆找平

墙面 1m 处弹线

第三步：搅拌水泥砂浆。

为保证水泥砂浆搅拌的均匀性，应采用搅拌机搅拌。搅拌时间应选择在找平之前，搅拌好之后应及时使用，防止水泥砂浆干涸。

搅拌机搅拌水泥砂浆

第四步：铺设水泥砂浆，并找平。

① 在铺设水泥砂浆前，要涂刷一层水泥浆，涂刷面积不要太大，随刷随铺面层的砂浆。涂刷水泥浆后要紧跟着铺水泥砂浆，在灰饼之间把砂浆铺均匀即可。

木刮杠刮平

靠尺检测平整度

② 木刮杠刮平之后，要立即用木抹子搓平，并要随时用 2m 靠尺检查平整度。木抹子刮平之后，需立即用铁抹子压第一遍，直到出浆为止。

第五步：洒水养护一周。

地面压光完工后的 24h，要铺锯末或是其他的材料进行覆盖洒水养护，保持湿润，养护时间不少于 7d。

洒水养护

2. 自流平水泥找平详解

第一步：对地面进行预处理。

一般毛坯地面上会有突出的地方，需要将其打磨掉，一般需要用到打磨机，采用旋转平磨的方式将凸块磨平。

第二步：涂刷界面剂。

扫码看视频

3. 地面自流平

地面打磨处理后，需要在打磨平整的地面上涂刷两次界面剂。界面剂能够让自流水泥和地面衔接得更紧密。

打磨机清理地面

涂刷界面剂

第三步：倒自流平水泥。

① 通常水泥和水的比例是1∶2，确保水泥能够流动但又不会太稀，否则干燥后强度不够，容易起灰。

② 倒好自流平水泥后，需要施工人员用工具推干水泥，将水泥推开推平。推干的过程中会有一定凹凸，这时就需要靠滚筒将水泥压匀。如果缺少这一步，很容易导致地面出现局部的不平整，以及后期局部的小块翘空等问题。

倒自流平水泥

均匀推开

边推开边找平

Tips　地面平整度检查方法

地面验收时要看地面平不平，可以用一根2m的靠尺对屋子进行地毯式测量（同一位置需交叉方向测量），如果靠尺下方出现大于3mm的空隙，就说明地面不平，反之则表示地面基本齐平。

三 包立管（附视频）

扫码看视频
4.包立管

第一步：清理基层，砖体和基层需提前湿水。

第二步：砌筑砖体。

① 砖体采用立砖法，即将砖体侧立起来砌筑。这样可节省空间面积，避免包立

管占用过多的空间。

② 砖体内侧贴管道错缝砌筑，直角处轻体砖槎接；各交界面灰浆填充饱满；管道有检修口应预留检修孔。

第三步：拉墙筋，挂钢丝网。

① 拉墙筋要隐藏在砖体之中，每500mm的距离需加固一道，防止砖体收缩伤害到管道，并且保证砖体与管道之间保持 10mm 的收缩缝。

立砖砌筑砖体

② 钢丝网要满挂，按照从上到下、从阳角到两边的顺序施工，一边挂网，一边固定，防止钢丝网脱落。

第四步：砖体表面抹水泥。

抹水泥时，应保证水泥均匀涂满钢丝网，不可出现空鼓和漏刷现象。

拉墙筋加固

挂钢丝网

抹水泥

扫码看视频

5. 大型墙砖铺贴工艺

四 墙砖铺贴（附视频）

1. 普通墙砖铺贴详解

第一步：预排。

① 墙砖镶贴前应预排，要注意同一墙面的横竖排列，不得有一行以上的非整砖。非整砖应排在次要部位或阴角处，排砖时可用调整砖缝宽度的方法解决。

② 如无设计规定时，接缝宽度可在 1~1.5mm 之间调整。在管线、灯具、卫生设备支撑等部位，应用整砖套割吻合，不得用非整砖拼凑镶贴，以保证效果美观。

第二步：拉标准线。

① 根据室内标准水平线找出地面标高，按贴砖的面积计算纵横的皮数，用水平尺找平，并弹出釉面砖的水平和垂直控制线。

② 如用阴阳三角镶边时，则应先将镶边位置预分配好。横向不足整砖的部分，留在最下一皮与地面连接处。

墙面预排砖

拉横纵交叉十字线

第三步：做灰饼、标记。

① 为了控制整个镶贴釉面砖表面的平整度，正式镶贴前，可在墙上粘废釉面砖作为标志块，上下用托线板挂直，作为粘贴厚度的依据，横向每隔 1.5m 左右做一个标志块，用拉线或靠尺校正平整度。

② 在门洞口或阳角处，如有镶边施工时，则应将尺寸留出，先铺贴一侧的墙面，并用托线板校正靠直。如无镶边，则应双面挂直。

瓷砖标志块

第四步：泡砖和湿润墙面。

① 釉面砖粘贴前应放入清水中浸泡 2h 以上，然后取出晾干，用手按砖背无水迹时方可粘贴。冬季宜在掺入 2% 盐的温水中浸泡。

② 砖墙面要提前 1d 湿润好，混凝土墙面可以提前 3~4d 湿润，以免吸走黏结砂浆中的水分。

第五步：铺贴墙砖。

① 在釉面砖背面抹满灰浆，四周刮成斜面，厚度

润湿之后的墙面

应在 5mm 左右，注意边角要满浆。当釉面砖贴在墙面时应用力按压，并用灰铲木柄轻击砖面，使釉面砖紧密粘于墙面。

② 铺完整行的砖后，再用长靠尺横向校正一次。对高于标志块的应轻轻敲击，使其平齐；若低于标志块的，应取下砖，重新抹满刀灰铺贴，不得在砖口处塞灰，否则会产生空鼓。

③ 釉面砖的规格尺寸或几何尺寸形状不等时，应在铺贴时随时调整，使缝隙宽窄一致。当贴到最上一行时，要求上口成一直线。若最上层釉面砖外露时，则需要安装压条，反之则不需要。

④ 在有洗脸盆、镜子等的墙面上，应以洗脸盆下水管部位为准，往两边排砖。

砖背均匀涂抹灰浆（步骤一）

将瓷砖粘贴到墙面（步骤二）

预留砖缝（步骤三）

敲打找平（步骤四）

2. 马赛克墙面铺贴详解

方案一：软贴法粘贴马赛克。

① 粘贴马赛克时，一般自上而下进行。在抹黏结层之前，应在湿润的找平层上刷素水泥浆一遍，抹3mm厚的1：1：2纸筋石灰膏水泥混合浆黏结层。待黏结层用手按压无坑印时，即在其上弹线分格，由于此时灰浆仍稍软，故称为"软贴法"。

② 将每联马赛克铺在木板上（底面朝上），用湿棉纱将马赛克黏结层面擦拭干净，再用小刷蘸清水刷一道。

软贴法粘贴马赛克

随即在马赛克粘贴面刮一层2mm厚的水泥浆，边刮边用铁抹子向下挤压，并轻敲木板振捣，使水泥浆充盈拼缝内，排出气泡，然后在黏结层上刷水湿润，将马赛克按线或靠尺粘贴在墙面上，并用木锤轻轻拍敲按压，使其更加牢固。

方案二：硬贴法粘贴马赛克。

硬贴法是在已经弹好线的找平层上洒水，刮一层厚度为1~2mm的素水泥浆，再按软贴法进行操作。但此法的不足之处是找平层上的所弹分格线被素水泥浆遮盖，马赛克铺贴无线可依。

硬贴法粘贴马赛克

方案三：干缝洒灰湿润法粘贴马赛克。

① 在马赛克背面满撒1：1细砂水泥干灰（混合搅拌应均匀）充盈拼缝，然后用灰刀刮平，并洒水使缝内干灰湿润成水泥砂浆，再按软贴法贴于墙面。

② 贴时应注意缝格内干砂浆应撒填饱满，水湿润应适宜，太干易使缝内部分干灰在提纸时漏出，造成缝内无灰；太湿则马赛克无法提起不能镶贴。此法由于缝内充盈良好，可省去擦缝工序，揭纸后只需稍加擦拭即可。

五 地砖铺贴（附视频）

扫码看视频

6.800×800地砖铺贴工艺

扫码看视频

7.地砖拼花工艺详解

1. 普通地砖铺贴详解

第一步：基层处理，将地面中的大颗粒以及各种装修废料清理出现场。

第二步：做灰饼、冲筋。

① 根据墙面的 50 线弹出地面建筑标高线和踢脚线上口线，然后在房间四周做灰饼。灰饼表面应比地面建筑标高低一块砖的厚度。

② 厨房及卫生间内陶瓷地砖应比楼层地面建筑标高低 20mm，并从地漏和排水孔方向做放射状标筋，坡度应符合设计要求。

第三步：铺结合层砂浆。

应提前浇水湿润基层，刷一遍水泥素浆，随刷随铺 1∶3 的干硬性水泥砂浆，根据标筋标高将砂浆用刮尺拍实刮平，再用长刮尺刮一遍，然后用木抹子搓平。

铺结合层砂浆

第四步：泡砖。

将选好的陶瓷地砖清洗干净后，放入清水中浸泡 2~3h 后，取出晾干备用。

第五步：铺砖。

① 按线先铺纵横定位带，定位带间隔 15~20 块砖，然后铺定位带内的陶瓷地砖。

② 从门口开始，向两边铺贴；也可按纵向控制线从里向外倒着铺。

③ 踢脚线应在地面做完后铺贴；楼

砖背抹水泥砂浆（步骤一）

梯和台阶踏步应先铺贴踢板，后铺贴踏板，踏板先铺贴防滑条；镶边部分应先铺镶。

④ 铺砖时，应抹素水泥浆，并按陶瓷地砖的控制线铺贴。

调整水泥砂浆结合层（步骤二）

按照拉线铺砖（步骤三）

大面积铺砖（步骤四）

第六步：压平、拔缝。

① 每铺完一个房间或区域，用喷壶洒水后大约 15min 用木锤垫硬木拍板按铺砖顺序拍打一遍，不得漏拍，在压实的同时用水平尺找平。

② 压实后，拉通线先竖缝后横缝进行拔缝调直，使缝口平直、贯通。调缝后，再用木锤拍板拍平。如陶瓷地砖有破损，应及时更换。

木锤拍平、拔缝

第七步：嵌缝。

陶瓷地砖铺完 2d 后，将缝口清理干净，并刷水湿润，用水泥浆嵌缝。如是彩色地面砖，则用白水泥或调色水泥浆嵌缝，嵌缝做到密实、平整、光滑，在水泥砂浆凝结前，应彻底清理砖面灰浆，并将地面擦拭干净。

用抹布清理缝口

水泥浆嵌缝

Tips 地砖勾缝技巧

在对地砖地面进行勾缝时，很多时候由于工人的操作不熟练导致勾缝不均匀，或者污染地砖，尤其是对于釉面砖和抛光砖这类容易渗入的地砖，一旦被污染了，哪怕只是很小的一点也会给整体效果留下瑕疵。因此，在对地砖进行勾缝时，最好在砖的边缘用纸胶带粘贴保护起来，这样地砖就不会受到勾缝剂的污染。

2.马赛克地面铺贴详解

马赛克地面铺贴的基层处理、标筋和铺结合层砂浆的施工方法和普通地砖铺贴方法一样，可参考上面的普通地砖铺贴。后面的施工步骤及方法如下。

第一步：铺贴。

① 铺贴时，在铺贴部位抹上素水泥稠浆，同时将马赛克表面刷湿，然后用方尺兜方，拉好控制线按顺序进行铺贴。

② 当铺贴快接近尽头时，应提前量尺预排，提早做调整，避免造成端头缝隙过大或过小。每联马赛克之间，如在墙角、镶边和靠墙处应紧密贴合，靠墙处不得采用砂浆填补，如缝隙过大，应裁条嵌齐。

第二步：拍实。

整个房间铺贴完毕后，由一端开始，用木锤和拍板依次拍平拍实，拍至素水泥浆挤满缝隙为止。同时用水平尺测校标高和平整度。

第三步：洒水、接纸。

用喷壶洒水至纸面完全浸透，常温下 15~25min 即可依次把纸面平拉揭掉，并用开刀清除纸毛。

第四步：拔缝、灌缝。

揭纸后，应拉线按先纵后横的顺序用开刀将缝隙拔直，然后用排笔蘸浓水泥浆灌缝，或用 1：1 水泥拌细砂把缝隙填满，并适当洒水擦平。完成后，应检查缝格的平直、接缝的高低差以及表面的平整度。如不符合要求，应及时做出调整，且全部操作应在水泥凝结前完成。

水泥浆灌缝、清洁

六 石材铺贴（附视频）

扫码看视频

8. 墙面大理石铺贴工艺

第一步：将大理石按照位置分布。

在正式铺设前，对每一房间的大理石（或花岗石）板块，应按图案、颜色、纹理试拼，将非整块板对称排放在房间靠墙部位，试拼后按两个方向编号排列，然后按编号码放整齐。

第二步：试排。

结合施工大样图及房间实际尺寸，在地面上把大理石（或花岗石）板块排好，以便检查板块之间的缝隙，核对板块与墙面、柱、洞口等部位的相对位置。

第三步：铺砌大理石板块。

①板块应先用水浸湿，待擦干或表面晾干后方可铺设。

② 根据房间拉的十字控制线，纵横各铺一行，作为大面积铺砌标筋用。依据试拼时的编号、图案及试排时的缝隙（板块之间的缝隙宽度，当设计无规定时不应大于1mm），在十字控制线交点开始铺砌。

③ 正式铺砌时，先在水泥砂浆结合层上满浇一层水灰比为1：2的素水泥浆（用浆壶浇均匀），再铺板块，安放时四角同时往下落，用橡皮锤或木锤轻击木垫板，根据水平线用铁水平尺找平。

④ 铺完第一块，向两侧和后退方向顺序铺砌。铺完纵、横行之后有了标准，可分段分区依次铺砌，一般房间宜先里后外进行，逐步退至门口，便于成品保护，但必须注意与楼道相呼应。也可从门口处往里铺砌，板块与墙角、镶边和靠墙处应紧密砌合，不得有空隙。

铺砌大理石地面

铺砌大理石拼花

第四步：灌缝、擦缝。

① 在板块铺砌后1~2d后进行灌浆擦缝。

② 根据大理石（或花岗石）颜色，选择相同颜色矿物颜料和水泥（或白水泥）拌和均匀，调成1：1稀水泥浆，用浆壶徐徐灌入板块之间的缝隙中（可分几次进行），并用长把刮板把流出的水泥浆刮向缝隙内，至基本灌满为止。

③ 灌浆1~2h后，用棉纱团蘸原稀水泥浆擦缝与板面擦平，同时将板面上水泥浆擦净，使大理石（或花岗石）面层的表面洁净、平整、坚实，以上工序完成后，面层应加以覆盖。养护时间不应小于7d。

灌缝、擦缝

Tips   石材铺贴注意事项

① 基层处理要干净，高低不平处要先凿平和修补，基层应清洁，不能有砂浆，尤其是砂浆灰、油渍等，并用水湿润地面。

② 铺贴前将板材进行试拼，对花、对色、编号，确保铺设出的地面花色一致。

③ 铺装石材时必须安放标准块，标准块应安放在十字线交点，应对角安装。铺装操作时要每行依次挂线，石材必须浸水湿润，阴干后擦净背面，以免影响其凝结硬化，发生空鼓、起壳等问题。

④ 石材地面铺装后的养护十分重要，安装 24h 后必须洒水养护，铺完后覆盖锯末养护。铺贴完成后，2~3d 内不得上人。

七 大理石窗台铺贴

第一步：定位与画线。

根据设计要求的窗下框标高、位置，画窗台板的标高线和位置线。

测量窗台板（步骤一）

标记窗台板位置线（步骤二）

第二步：切割窗台板。

按照标记线的位置切割窗台板，先切割窗台板的长度，再切割窗台板的宽度，最后切割窗台板的侧边。切割时，应控制好速度，不可过快，防止窗台板出现裂痕。

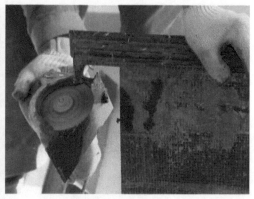

切割窗台板（步骤一）　　　　　　　　　细节修理（步骤二）

第三步：预埋窗台基层。

基层预埋材料包括校准水平的木方和砂。先在窗台上均匀摆放木方，间距保持在400mm以内；摆放好木方之后，在表面填充沙子。沙子不可过干，会缺乏黏附力。

摆放木方（步骤一）　　　　　　　　　　填充沙子（步骤二）

第四步：大理石窗台板安装。

按设计要求找好位置，进行预装，标高、位置、出墙尺寸应符合要求，接缝平顺严密、固定件无误后，按其设计的固定方式正式固定安装。

安装大理石窗台板（步骤一）

水平尺测水平（步骤二）

安装完成（步骤三）

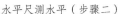

Tips　窗台板安装注意事项

① 安装大理石窗台板的窗下墙，在结构施工时应根据选用窗台板的品种，预埋木砖或铁件。

② 窗台板长超过1500mm时，除靠窗口两端下木砖或铁件外，中间应每500mm间距增3块木砖或铁件；跨空窗台板应按设计要求的构造设固定支架。

③ 安装大理石窗台板应在窗框安装后进行。窗台板连体的，应在墙、地面装修层完成后进行。

八 石材饰面板安装

第一步：墙面基层处理。

安装背景墙首先要对墙面基层进行处理。基层墙面必须清理干净，不得有浮土、浮灰，将其找平并涂好防潮层。

第二步：龙骨安装固定。

对于厚重的大理石板，使用钢材龙骨能降低石板对墙面的影响，并提高整体的抗震性。根据计划图样，在墙上钻孔埋入固定件，龙骨焊接墙体固定件，支撑架再焊接龙骨，要求龙骨安装牢固，与墙面相平整。

轻钢龙骨安装固定

第三步：石材饰面板安装。

石材安装中要拉好整体水平线和垂直控制线。石板必须安装在支撑架上，先固定大理石下部凿孔，插入支撑架挂件，微调锁紧再固定石材上部及侧边，最后再填充锚固剂，加固板件。

第四步：石材饰面板嵌缝。

大理石板安装好后，板与板之间的缝隙需采用粘接处理。首先清理干净夹缝内的灰尘杂物，在缝隙中填充满泡沫条，在板边缘粘贴胶带纸以防粘胶污染大理石表面，打胶后要求胶缝光滑顺直。

石材饰面板安装

石材饰面板嵌缝

Tips 石材饰面板三种安装工艺

① 干挂：这种方法是先用螺栓在墙面上固定好，然后在一块石材上开槽，用 T 形架将石材固定，再将 T 形架和螺栓固定在一起，这样，大理石墙面与墙体本身有一定距离，但固定性好。所以如果卫生间的空间足够，首推这种方法来贴墙。

② 湿贴：要先在墙面上铺一层钢筋网，再采用混凝土湿贴。这种方法黏合效果也比较好，但相对来说也更麻烦一些。

干挂工艺

湿贴工艺

③ 直接粘贴：一般分为点粘贴法和面贴法两种。面贴法适用于薄石材，石材厚度在 8mm 以下，重量与墙砖差不多，可以用专用砂浆粘贴；点粘贴法是采用石材专用胶，点的范围不能大于 25cm，粘胶的厚度在 0.5cm 以上，这种方式适用于稍厚的石材。

直接粘贴工艺

第五节 〉泥瓦工施工现场快速验收

1. 墙面项目验收

① 墙体应平整，砖缝不得同缝，灰缝应饱满。

② 厨、卫墙面砖除砖与砖对角处应平整外，还需达到标准的水平度（允许有 1mm 的误差）和垂直度（允许有 2mm 的误差），墙地面铺贴外观应符合要求。

③ 阳角处的瓷砖倒 45°，一面墙上不能有两排非整砖；瓷砖铺贴应平整、洁净、色泽协调，图案安排合理。

④ 墙面瓷砖粘贴必须牢固，无歪斜、缺棱掉角和裂缝等缺陷。

⑤ 墙砖铺贴表面要平整、洁净、色泽协调，图案安排合理，无变色、泛碱、污痕和显著光泽受损处。

⑥ 砖块接缝填嵌密实、平直、宽窄均匀、颜色一致，阴阳角处搭接方向正确。

⑦ 非整砖使用部位适当、排列平直。

⑧ 预留孔洞尺寸正确、边缘整齐。

⑨ 检查平整度误差小于 2mm，立面垂直误差小于 2mm；接缝高低偏差小于 0.5mm，平直度小于 2mm。

2. 地面项目验收

① 地面石材、瓷质砖铺装必须牢固，铺装表面平整、色泽协调、无明显色差。

② 接缝平直、宽窄均匀，石材无缺棱掉角现象，非标准规格板材铺装部位正

确、流水坡方向正确。

③ 地砖平整度用 2m 水平尺检查，误差不得超过 0.5mm，相邻砖高差不得超过 0.5mm。

④ 地砖空鼓现象控制在 3% 以内，主要通道上的空鼓必须返工，3% 指空鼓面积与单块地砖的总面积比例。

⑤ 看洗手间、阳台及有地漏的厨房地砖是否有足够的自排水倾斜度。

第六节 泥瓦施工常见现场问题处理

（1）无缝砖要怎么铺装？

答：无缝砖是指砖面和砖的侧边均成 90° 直角的瓷砖，包括一些大规格的釉面墙砖以及玻化砖等。无缝墙砖铺装也应有一定间隙，间隙应为 0.5~1mm，目的是用来调节墙砖的大小误差，这样铺装更美观。无缝砖对施工工艺要求比较高，讲究铺贴平整，上下左右调整通缝，一般不经常铺贴无缝砖的泥瓦工是很难达到标准要求。

无缝砖施工细节

（2）瓷砖铺设的时候为什么要讲究留缝？

答：瓷砖铺设的时候一定要留缝，不仅为了处理规格不整的问题，最主要的是给热胀冷缩预留位置。另外，瓷砖本身的尺寸存在一定的误差，工人施工也会有一定的误差。瓷质砖留缝可小一些，陶质瓷质的留缝可大一些，铺设仿古地砖时留缝要大，这样才能体现出砖的古朴感。

瓷砖留缝

（3）怎样消除与修补水泥地面的空鼓缺陷？

答：应保证回填土严格分层，均匀结实；基层混凝土要振捣密实、平整，不平处用砂浆找平，控制高差在 10mm 以内；基层扫净，提前一天浇水湿润；结合层水泥浆水灰比控制在 0.4 左右，随浇随扫均匀，做到不积水、积浆和无干斑；冬季养护避免局部温度过低。

（4）大面积铺地砖时要不要预铺？

答：大面积铺设地砖时必须要预铺。要先预铺一遍保证砖的花纹走向能够完全吻合，并且需要把砖编号后再进行铺设。预铺工作是为了真正铺设做铺垫，以防在铺设地砖时出现花纹不合理的情况。值得注意的是，在铺设地砖时，要先阅读砖的说明书。

（5）马赛克发生脱落该怎么办？

答：发现有局部的脱落现象后，应将脱落的马赛克揭开，用小型快口的凿子将黏结层凿低 3mm，用胶黏剂补贴并加强养护即可。当有大面积的脱落现象时，必须按照施工工艺标准重新返工。

马赛克脱落

（6）地面瓷砖、石材等铺设需要多长时间？

答：地面石材、瓷质砖铺装是技术性较强、劳动强度较大的施工项目。一般地面石材的铺装在基层地面已经处理完、辅助材料齐备的前提下，每个工人每天铺装 $6m^2$ 左右。如果加上前期基层处理和铺贴后的养护，每个工人每天实际铺装 $4m^2$ 左右。如果地面平整，板材质量好、规格较大，施工工期可以缩短。在成品保护的条件下，地面铺装可以和油漆施工、安装施工平行作业。

（7）玻化砖在铺贴及使用时有哪些注意事项？

答：① 先检查玻化砖的表面是否已经打过蜡：如果没有的话，必须先打蜡后施工。在施工时要求施工的工人将橡皮锤用白布包裹后再使用，因为防污性能不好的砖经皮锤敲打，砖面会留下黑印。

② 地砖表面不能重压：对于刚铺好的地砖，不能在上面走动，由于砖未干透，在上面行走可能造成砖面高低不平。

③ 地砖表面的防护措施：对于刚铺

玻化砖打蜡

好的地砖，必须用瓷砖的包装箱（最好是防雨布）将铺好的砖盖好，防止砂子磨伤砖面，并要预防装修时使用的涂料以及胶水滴在砖上，以免污染砖面。

（8）用非整砖随意拼凑粘贴会有什么后果？

答：如果非整砖的拼凑过多，会直接影响到装饰效果和感观质量，尤其是门窗口处，易造成门口、窗口弯曲不直，给人以琐碎的感觉。非整砖在粘贴前应预先排砖，使得拼缝均匀。在同一面墙上横竖排列，不得有一上一下的非整砖，且非整砖的排列应放在次要部位。

（9）地面砖出现空鼓或松动怎么办？

答：地面砖空鼓或松动的质量问题处理方法较简单，用小木槌或橡皮锤逐一敲击检查，发现空鼓或松动的地面砖做好标记，然后逐一将地面砖掀开，去掉原有结合层的砂浆并清理干净，用水冲洗后晾干。刷一道水泥砂浆，按设计的厚度刮平并控制好均匀度，而后将地面砖的背面残留砂浆刮除，洗净并浸水晾干，再刮一层胶黏剂，压实拍平即可。

（10）地面砖出现爆裂或起拱的现象怎么办？

答：可将爆裂或起拱的地面砖掀起，沿已裂缝的找平层拉线，用切割机切缝，缝宽控制在 10~15 mm 之间，而后灌柔性密封胶。结合层可用干硬性水泥砂浆铺刮平整。铺贴地面砖也可用 JC 建筑装饰胶黏剂。铺贴地面砖要准确对缝，将地面砖的缝留在锯割的伸缩缝上，缝宽控制在 10mm 左右。

地面砖翘边起拱

第五章
木工现场施工

　　木工现场施工是家庭装修中的核心工程，施工内容包括木作隔墙、木作吊顶、木作墙面造型、现场制作柜体以及软包施工等。其施工顺序是先制作隔墙和吊顶，然后制作墙面造型和软包，最后进行柜体的制作和安装。木工现场施工对每一个施工环节的技术要求、细节要求都很高，比如吊顶石膏板的接缝处要求衔接严密，木龙骨之间的间距要求保持一致等。

第一节 〉常用工具和材料

1. 木工常用工具

木工常用工具及说明如下表所示。

木工锯台

定制锯台

自制锯台

木工锯台主要用于各类板材的切割,方料的切割操作,具有数据准确、裁切规矩等特点。木工锯台使用方便,如细木工板、刨花板等大型板材很适合使用木工锯台切割

电刨

曲线锯

电刨是进行刨削作业的手持式电动工具,具有生产效率高,刨削表面平整、光滑等特点。主要用于各种木材的刨削、倒棱和裁边等作业	曲线锯主要用于切割各种木材和非金属。在木工施工中,曲线锯可对板材进行曲线形切割,还可以对较薄的板材进行镂空,制作出镂空板

 电圆锯	 气动枪钉
电圆锯也称小型手提式圆盘锯，具有操作简便、使用灵活、调整快捷、安全可靠等特点，很适于家庭装修锯割各种木质板材、各种人造纤维板材的下料作业	气动枪钉简称气钉枪，是以气泵产生气压作业的，主要用于板材和木龙骨之间的固定

手工锯

| 框锯 | 刀锯 | 钢丝锯 | 燕尾锯 |

　手工锯可以把木材锯割成各种形状，使其达到木构件需要的尺寸。手工锯进行锯割时，就是锯条在直线形式或在曲线形式的轻压和推进的运动中，对木材进行快速切割的一个工作过程

 手推刨	 开孔器
手推刨是传统的木工工具，由刨身、刨铁、刨柄三部分组成。手推刨在木工施工中主要用于修整木方、木材的表面，使其光滑平整，也可以用于木线条的修边作业	开孔器主要用于筒灯、射灯的开孔作业，可以开出任意尺寸的孔距

木锉刀	木工三角尺
木锉刀的表面有许多细密的刀齿，为条形，是用于锉光的手工工具，可对金属、木料、皮革等表面做微细加工和打磨	木工三角尺可测量 90° 直角、60° 斜角、45° 斜角、30° 斜角等多种角度

2. 木工常用材料

（1）刨花板

刨花板又称颗粒板、微粒板、蔗渣板、碎料板，是将枝芽、小径木、木料加工剩余物、木屑等制成的碎料，施加胶黏剂经高温热压而成的一种人造板。其横向承重力比较好，表面很平整，可以进行各种样式的贴面。其具有结构牢度高、物理性能稳定、隔音效果好、抗弯性能和防潮性能好等优点。

成品刨花板

Tips　刨花板的分类

刨花板按照结构可分为单层结构刨花板、三层结构刨花板、渐变结构刨花板和定向刨花板。按制造方法可分为平压刨花板、挤压刨花板。刨花板的厚度规格较多，以 19 mm 为标准厚度。

单层结构

定向结构

三层结构

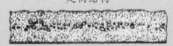
渐变结构

刨花板的结构

（2）纤维板

纤维板又称密度板，根据密度大小可分为低密度纤维板、中密度纤维板和高密度纤维板。它是由木质纤维或其他植物纤维为原料，加工成粉末状纤维后，施加胶黏剂或其他添加剂热压成型的人造板。

纤维板

纤维板具有材质均匀、纵横强度差小、不易开裂、表面光滑、平整度高、易造型等特点。当表面需要造型、铣型，或表面贴面时，可以很好地保证覆膜后表面的平整度。

Tips　纤维板的分类

① 高密度纤维板：强度高、耐磨、不易变形，可用于墙壁、门板、地面、家具等。其按照物理力学性能和外观质量分为特级、一级、二级、三级四个等级。

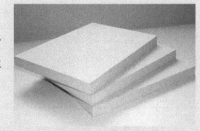

高密度纤维板

② 中密度纤维板：按产品的技术指标可分为优等品、一等品、合格品。按所用胶合剂不同分为脲醛树脂中密度纤维板、酚醛树脂中密度纤维板、异氰酸酯中密度纤维板。

中密度纤维板

③ 低密度纤维板：结构松散、强度较低，但吸音性和保温性好，主要用于吊顶等。

低密度纤维板

（3）细木工板

俗称大芯板、木芯板，是具有实木板芯的胶合板，由两片单板中间胶压拼接木板而成。材种有许多种，如杨木、桦木、松木、泡桐等，其中以杨木、桦木为最好，质地密实、木质不软不硬、握钉力强、不易变形；而泡桐的质地很轻、较软、握钉力差、不易烘干，制成的板材在使用过程中，当水分蒸发后，板材易干裂变形；松木质地坚硬，不易压制，拼接结构不好、握钉力差、变形系数大。

细木工板

（4）多层实木板

多层实木板是胶合板的一种，由三层或多层的单板或薄板的木板胶贴热压制而成。多层实木板一般分为 3 厘（mm）板、5 厘（mm）板、9 厘（mm）板、12 厘（mm）板、15 厘（mm）板和 18 厘（mm）板六种规格。

多层实木板

（5）指接板

指接板属于实木板，由多块木板拼接而成，上下不再粘压夹板，由于竖向木板间采用锯齿状接口，类似两手手指交叉对接，故称指接板。指接板上下无须粘贴夹板，用胶量少，且无毒无味。

（6）实木板

实木板就是采用完整的木材（原木）制成的木板材。通常，定制家具局部会采用实木，其组装的方式是以榫槽和拼板胶相结合。

成品指接板

成品实木板

（7）三聚氰胺饰面板

三聚氰胺饰面板又叫免漆板、生态板。它的基材也是刨花板和中纤板，由基材和表面黏合而成的。三聚氰胺是一种高强度、高硬度的树脂。三聚氰胺饰面板的制作方法是将装饰纸表面印刷花纹后，放入三聚氰树脂，再经高温热压在板材基材上。

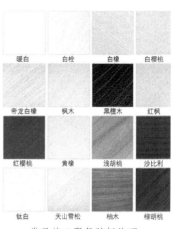

常见的三聚氰胺板饰面

（8）木龙骨

俗称为木方，是由松木、椴木、杉木等树木加工成截面为长方形或正方形的木条。一般用于吊顶、墙面的木作施工。木龙骨是装修中常用的一种材料，有多种型号，用于撑起外面的装饰板，起支架作用。天花吊顶的木方一般以松木方较多。一般规格都是 4m 长，截面有 2cm×3cm、3 cm×4cm、4 cm×4cm 等规格。

成捆木龙骨

（9）轻钢龙骨

轻钢龙骨安装的吊顶具有重量轻、强度高，具有防水、防震、防尘、隔音、吸音、恒温等功效，同时还具有工期短、施工简便等优点。轻钢龙骨主要用于以纸面石膏板、装饰石膏板等轻质板材做饰面的非承重墙体和建筑物屋顶的造型装饰。

成捆轻钢龙骨

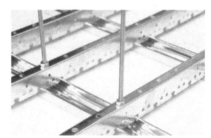

轻钢龙骨安装结构

（10）各类钉子

木工施工作业会用到各类钉子、气枪钉、自攻钉等，用于固定吊顶、墙面中的板材，使其板材之间连接得更加紧密，固定更加结实。

气枪钉

套环钉

钢钉

自攻钉

第二节 木工施工质量要求

1. 隔墙施工质量要求

① 墙位放线应沿地、墙、顶弹出隔墙的中心线及宽度线，宽度线应与隔墙厚度一致，位置应准确无误。

② 轻钢龙骨的端部应安装牢固，龙骨与基体的固定点间距不应大于1000mm。安装沿地、沿顶木楞时，应将木楞两端伸入砖墙内至少120mm，以保证隔断墙与墙体连接牢固。

③ 安装竖向龙骨应垂直，潮湿的房间和钢板网抹灰墙，龙骨间距不宜大于400mm。

④ 安装支撑龙骨时，应先将支撑卡安装在竖向龙骨的开口方向，卡距在400~600mm为宜，距龙骨两端的距离宜为20~25mm。

⑤ 安装贯通系列龙骨时，低于3000mm的隔墙应安装一道，3000~5000mm高的隔墙应安装两道。如果

竖向龙骨间距

贯通系列龙骨安装

饰面板接缝处不在龙骨上时，应加设龙骨固定饰面板。

⑥ 木龙骨骨架横、竖龙骨宜采用开半榫、加胶、加钉连接。安装饰面板前，应对龙骨进行防火处理。

⑦ 安装纸面石膏板饰面宜竖向铺设，长边接缝应安装在竖龙骨上。龙骨两侧的石膏板及龙骨一侧的双层板的接缝应错开安装，不得在同一根龙骨上接缝。

⑧ 安装胶合板饰面前应对板的背面进行防火处理。

⑨ 胶合板与轻钢龙骨的固定应采用自攻螺钉，与木龙骨的固定采用圆钉时，钉距宜为80~150mm，钉帽应砸扁；采用射钉枪固定时，钉距宜为80~100mm，阳角处应做护角；用木压条固定时，固定点间距不应大于200mm。

⑩ 安装石膏板时应从板的中部向板的四边固定。钉头略埋入板内，但不得损坏纸面。钉眼应进行防锈处理。石膏板与周围墙或柱应留有 3mm 的槽口，以便进行防开裂处理。

墙面石膏板固定

2. 吊顶施工质量要求

① 首先应在墙面弹出标高线、造型位置线、吊挂点布局线和灯具安装位置线。依据设计标高，沿墙面四周弹线，作为顶棚安装的标准线，其水平允许偏差为 ±5mm。

② 木龙骨安装要求保证没有劈裂、腐蚀、虫眼、死节等质量缺陷；规格为截面长 30~40mm，宽 40~50mm，含水率低于 10%。

木龙骨吊顶间距

③ 木龙骨应进行精加工，表面刨光，接口处开槽，横、竖龙骨交接处应开半槽搭接，并应进行阻燃剂涂刷处理。

木龙骨表面涂刷阻燃剂

藻井式吊顶预留照明线

④ 采用藻井式吊顶时，如果高差大于 300mm，则应采用梯层分级处理。龙骨结构必须坚固，大龙骨间距不得大于 500mm。龙骨固定必须牢固，龙骨骨架在顶、墙面都必须有固定件。木龙骨底面应抛光刮平，截面厚度一致，并应进行阻燃处理。

⑤ 遇藻井式吊顶时，应从下固定压条，阴阳角用压条连接。注意预留出照明线的出口。吊顶面积大时，应在中间铺设龙骨。

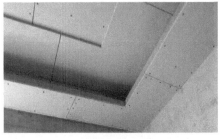

木龙骨吊顶间距

⑥ 面板安装前应对安装完的龙骨和面板板材进行检查，板面平整、无凹凸、无断裂、边角整齐。安装饰面板应与墙面完全吻合，有装饰角线的可留有缝隙，饰面板之间接缝应紧密。

3. 门窗安装质量要求

① 在木门窗套施工中，首先应在基层墙面内打孔，下木模。木模上下间距小于 300mm，每行间距小于 150mm。

② 按设计门窗贴脸宽度及门口宽度锯切大芯板，用圆钉固定在墙面及门洞口，圆钉要钉在木模子上。检查底层垫板牢固安全后，可做防火阻燃涂料涂刷处理。

③ 门窗套饰面板应选择图案花纹美观、表面平整的胶合板，胶合板的树种应符合设计要求。

④ 裁切饰面板时，应先按门洞口及贴脸宽度弹出裁切线，用锋利裁刀裁开，对缝处刨 45°，背面刷乳胶液后贴于底板上，表层用射钉枪钉入无帽直钉加固。

⑤ 门洞口及墙面接口处的接缝要求平直，45°对缝。饰面板粘贴安装后用木角线封边收口，角线横竖接口处刨 45° 接缝处理。

木门基层安装

窗套安装效果

第三节 木工施工主要流程

吊顶施工 → 木作隔墙施工 → 木作造型墙施工 → 现场柜体制作安装
软包施工 ← 木地板安装 ← 板式家具安装 ← 门窗安装

木工施工主要流程

（1）吊顶施工

在瓦工施工结束、地面砖达到晾晒时间后，木工进场施工，先围绕客餐厅进行吊顶施工，然后到卧室、书房和厨卫等空间进行吊顶施工。吊顶施工的重点在骨架的安装和石膏板的连接上，要求骨架安装牢固，石膏板缝隙均匀。

（2）木作隔墙施工

轻质隔墙施工与吊顶施工同时进行，这样可方便龙骨、石膏板等材料的准备和裁切。轻质隔墙的隔音效果较差，因此要在内部增加隔音棉。

吊顶施工　　　　　　　　　　　　　　　　木作隔墙施工

（3）木作造型墙施工

木作造型墙可设计出各种样式，如圆形、方形等，这主要是因为木材施工的可塑性强。木作造型墙施工时应严格遵循图纸尺寸，并在支架结构上加固安装，以防止表面粘贴是石材等材料时出现晃动等情况。

（4）现场柜体制作安装

现场柜体制作安装要在吊顶和墙面木作施工完成后进行。在制作现场柜体之前需要清理出空地，用于大型板材的切割作业。现场制作柜体需要把控好尺寸，注意柜体的深度和高度等。

木作造型墙施工　　　　　　　　　　　现场柜体制作安装

（5）门窗安装

门窗安装之前，应先清理基层，清除颗粒，填平凹凸较大的地方。门窗安装校时，

准非常关键，包括垂直校准和水平校准，保证门窗安装竖直，不出现歪斜等情况。

（6）板式家具安装

板式家具安装是指一些需要组装的吊柜、壁柜和固定家具等成品的组装。这类家具的安装工序简单、易操作，只要按照步骤安装即可。

（7）木地板安装

木地板安装的时间是在油漆工完成、壁纸粘贴之后，木地板安装的重点在基层的水平处理上，即基层的铺设要平整，这样才能保证安装在上面的地板不出现翘边、歪斜等情况。

板式家具安装

（8）软包施工

软包施工的重点在于基层处理，以及软包面层的安装中。在基层施工中，软包面积的长宽比需计算好，并分配出若干个软包块，避免出现大小不一致的软包块。

木地板安装

皮革软包施工

第四节 木工现场施工详解

一 吊顶施工（附视频）

第一步：熟悉图纸，检查现场实际情况。

了解图纸中吊顶的长、宽和下吊距离，然后结合现场实际情况，判断根据图纸施工是否具有困难，若发现不能施工处，应及时解决。工处，应及时解决。

第二步：弹基准线。

采用水平管抄出水平线，用墨线弹出基准线。对局部吊顶房间，如原天棚不水平，则吊顶是按水平施工还是顺原天棚施工，应在征求设计人员意见后由业主确定。

第三步：弧形吊顶先在地面放样。

弧形顶面造型应先在地面放样，确定无误后方能上顶，应保证线条流畅。

墙顶面弹线　　　　　　　　　　　　　弧形吊顶安装施工

第四步：安装龙骨。

① 吊顶主筋为不低于 30mm × 50mm 的木龙骨，间距为 300mm，必须使用膨胀螺栓固定。

② 钢膨胀螺栓应尽量打在预制板板缝内，膨胀螺栓螺母应与木龙骨压紧。

扫码看视频

1. 木龙骨防腐工艺处理

③ 吊顶主龙骨采用 20mm × 40mm 的木龙骨，用 $\phi 8 \times 80mm$ 的膨胀螺栓与原结构楼板固定，孔深规定不能超过 60mm。每平方米不少于 3 颗膨胀螺栓，次龙骨为 20mm × 40mm 的木龙骨。主龙骨与次龙骨拉吊采用 20mm × 40mm 的木方连接，所有的连接点必须使用螺栓或自攻钉合理固定，不允许单独使用射枪钉固定。

轻钢龙骨安装　　　　　　　　　　　　木龙骨安装

④ 拉吊必须采用垂吊、斜吊混用的方法。吊杆与主次龙骨接触处必须涂胶，靠墙的次龙骨必须每隔 800mm 固定一个膨胀螺栓。

第五步：检查隐蔽工程，线路预放到位。

① 吊顶骨架封板前必须检查各隐蔽工程的合格情况（包括水电工程、墙面楼板等是否有隐患问题或有残缺情况）。

② 检查龙骨架的受力情况、灯位的放线是否影响封板等。中央空调的室内盘管工程由中央空调专业人员到现场试机检查是否合格。

梳理灯具线路

③ 龙骨架的底面是否水平平整，误差要求小于 1‰，超过 5m 拉通线，最大误差不能超过 5mm，橱卫嵌入式灯具必须打架子。

第六步：吊顶封板。

① 纸面石膏板使用前必须弹线分块，封板时相邻板留缝 3mm，使用专用螺钉固定，沉入石膏板 0.5~1mm，钉距为 15~17mm。固定应从板中间向四边固定，不得多点同时作业。板缝交接处必须有龙骨。

扫码看视频
2. 木作吊顶封石膏板工艺

② 封 5mm 板前必须根据龙骨架弹线分块，确保码钉钉在龙骨架上面，5mm 板与龙骨架接触部位必须涂胶，接缝处必须在龙骨中间，封 3mm 板时底面必须涂满胶水后贴在 5mm 板上，用码钉固定，与 5mm 板的接缝必须错开，3mm 板间留 2~3mm 的缝。

③ 安装封板时，注意灯具线路拉出顶面，依照施工图在罩面板上弹线定出筒灯位置，拖出线头。

第七步：检查吊顶水平度。

检查整面的水平度是否符合要求。拉通线检查不超过 5mm，2m 靠尺不超过 2mm，板缝接口处高低差不超过 1mm。

吊顶封石膏板

二 木作隔墙施工

1. 轻钢龙骨隔墙施工详解

第一步：定位放线。

① 根据家居设计图纸，在室内楼地面上弹出隔墙中心线和边线，并引测至两主体结构墙面和楼底板面，同时弹粗门窗洞口线。

② 设计有踢脚线时，弹出踢脚线的基准线，先施工踢脚台，踢脚台完工后，弹出下槛龙骨安装基准线。

第二步：安装踢脚板。

如果设计要求设置踢脚板，则应按照踢脚板详图先进行踢脚板施工。将楼地面凿毛清扫后，立即洒水浇筑混凝土。但踢脚板施工时，应预埋防腐木砖，以方便沿地龙骨的固定。

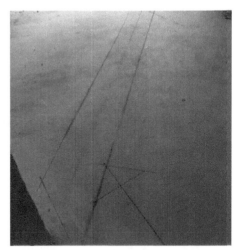

地面定位放线

第三步：安装沿地横龙骨（下槛）和沿顶横龙骨（上槛）。

① 如果沿地龙骨安装在踢脚板上，应等踢脚板养护到期达到设计强度后，在其上弹出中心线和边线。

② 地龙骨固定时，如已预埋木砖，则将地龙骨用木螺钉钉在木砖上，如无预埋件，则用射钉进行固定，或先钻孔后用膨胀螺栓进行连接固定。

第四步：安装沿墙（柱）竖龙骨。

隔墙骨架的边框竖向龙骨与建筑结构墙体的固定连接与沿地、沿顶横龙骨的安装做法相同。

第五步：装设氯丁橡胶封条。

上述沿地、沿顶，沿墙骨架装设时要求在龙骨背面粘贴两道氯丁橡胶片作为防水、隔声的密封措施。因此，操作时可用宽100mm 的双面胶每隔500mm 在龙骨靠建筑结构面粘贴一段，然后将橡胶条粘固在其上。

第六步：安装竖龙骨。

以 C 型龙骨上的穿线孔为依据，首先

安装竖龙骨

确定龙骨上下两端的方向，尽量使穿线孔对齐。竖龙骨的长度尺寸应按照现成实测为准。前提是保证竖龙骨能够在沿地、沿顶龙骨的槽口内滑动，其截料长度应比沿地、沿顶龙骨内侧的距离略短 15mm。

第七步：安装骨架内管线和填塞保温材料。

① 对于隔墙墙体内需穿电线时，竖龙骨制品一般设有穿线孔，电线及其 PVC 管通过竖龙骨上小型切口穿插。同时，装上配套的塑料接线盒以及用龙骨装置成配电箱等。

② 墙体内要求填塞保温绝缘材料时，可在竖龙骨上用镀锌钢丝绑扎或用胶黏剂、钉件和垫片等固定保温材料。

安装隔音棉

第八步：安装贯通龙骨、横撑。

① 当隔墙采用通贯系列龙骨时，竖龙骨安装后装设贯通龙骨，在水平方向从各条竖龙骨的贯通孔中穿过。

② 在竖龙骨的开口面用支撑卡作稳定并锁闭此处的开口。根据施工规范的规定，低于 3m 的隔墙安装一道贯通龙骨，3~5m 的隔墙应安装两道。

安装贯通龙骨

③ 装设支撑卡时，卡距应为 400~600mm，距龙骨两端的距离为 20~25mm。对非支撑卡系列的竖龙骨，贯通龙骨的稳定可在竖龙骨非开口面采用角托，以抽芯铆钉或自攻螺钉将角托与竖龙骨连接并托住贯通龙骨。

第九步：门窗口等节点处骨架安装。

对于隔墙骨架的特别部位，可使用附加龙骨或扣盒子加强龙骨，应按照设计图纸来安装固定。装饰性木质门框，一般用自攻螺钉与洞口处竖龙骨固定，门框横梁与横龙骨以同样的方法连接。

门窗口节点骨架安装

第十步：纸面石膏板的铺钉。

① 隔墙轻钢龙骨安装完毕，通过中间验收合格后可安装隔墙罩面的纸面石膏板。先安装一个单面，待墙体内部管线及其他隐蔽设施和填塞材料铺装完毕后再封

钉另一面的板材。罩面板材宜采用整板。板块一般竖向铺装，曲面隔墙可采用横向铺板。

② 石膏板的封钉应从板中央向板的四周进行。中间部位自攻螺钉的钉距不大于300mm，板块周边自攻螺钉的钉距应不大于200mm，螺钉距板边缘的距离应为10~15mm。自攻螺钉钉头略埋入板面，但不得损坏板材和护面纸。

安装纸面石膏板

第十一步：嵌缝。

① 清除缝内杂物，并嵌填腻子。待腻子初凝时（30~40min），再刮一层较稀的腻子，厚度约为1mm，随即贴穿孔纸带，纸带贴好后放置一段时间，待水分蒸发后，在纸带上再刮一层腻子，将纸带压住，同时把接缝板找平。

② 如勾明缝，安装时将胶黏剂及时刮净，保持明缝顺直清晰。

嵌缝

2. 木龙骨隔墙施工详解

第一步：定位放线（具体细节参考轻钢龙骨隔墙施工放线步骤）。

第二步：骨架固定点。

① 定位线弹好后，如结构施工时已预埋了锚件，则应检查锚件是否在墨线内。偏离较大时，应在中心线上重新钻孔，打入防腐木楔。

② 门框边应单独设立筋固定点。隔墙顶部如未预埋锚件，则应在中心线上重新钻固定上槛的孔眼，不可以发挥创意乱打孔。

③ 下槛如有踢脚台，则锚件设置在踢脚台上，否则应在楼地面的中心线上重新钻孔。

骨架固定点

第三步：固定木龙骨。

① 靠主体结构墙的边立筋对准墨线，用圆钉钉牢于防腐木砖上；将上槛对准边线就位，两端顶紧于靠墙立筋顶部钉牢，然后按钻孔眼用金属膨胀螺栓固定；将下槛对准边线就位，两端顶紧于靠墙立筋底部钉牢，然后用金属螺栓固定，或与踢脚台的预埋木砖钉牢。

② 紧靠门框立筋的上、下端应分别顶紧上、下槛（或踢脚台），并用圆钉双面斜向钉入槛内，且立筋垂直度检查应合格；量准尺寸，分别等间距排列中间立筋，并在上、下槛上画出位置线。依次在上、下槛之间撑立筋，找好垂直度后，分别与上、下槛钉牢。

固定木龙骨

③ 立筋间要撑钉横撑，两端分别用圆钉斜向钉牢于立筋上。同一行横撑要在同一水平线上。

④ 安装饰面板前，应对龙骨进行防火防蛀处理，隔墙内管线的安装应符合设计要求。

第四步：铺装饰面板。

① 隔墙木骨架通过隐蔽工程验收合格后方可铺装饰面板。与饰面板接触的龙骨表面应刨平刨直，横竖龙骨接头处必须平整，其表面平整度不得大于 3mm。胶合板背面应进行防火处理。

② 用普通圆钉固定时，钉距为 80 ～ 150mm，钉帽要砸扁，冲入板面 0.5 ～ 1.0mm。采用钉枪固定时，钉距为 80 ～ 100mm。

石膏板安装

③ 纸面石膏板宜竖向铺设，长边接缝应安装在立筋上，龙骨两侧的石膏板接缝应错开，不得在同一根龙骨上接缝。

④ 板条隔墙在板条铺钉时的接头，应落在立筋上，其断头及中部每隔一根立筋应用 2 颗圆钉固定。板条的间隙宜为 7 ～ 10mm，板条接头应分段交错布置。

三 木作造型墙施工

第一步：清理基层，做防潮处理。

清理墙面基层，将一些较大的颗粒清理掉，然后需要铺上油毡、油纸做防潮处理。

第二步：参照设计图纸，在墙面弹线。

待基层处理好后，墙面干燥的情况下，根据设计图纸，在墙面上弹线，规划出木作的具体造型。

第三步：木骨架制作安装。

① 根据图纸设计尺寸、造型，裁切木夹板和木方，将木方制作成框架，用钉子钉好。

② 将框架钉在墙面的预埋木砖上，没有预埋木砖的，就钻孔打入木楔或塑料胀管，安装牢固框架。

③ 所有木方和木夹板均应进行防潮、防火、防虫处理后，将木夹板用白乳胶和钉子钉装于框架上，必须牢固无松动，做到横平竖直。

木骨架安装固定

第四步：安装表面板材。

① 根据设计选择饰面板，将面板按照尺寸裁切好，在基架面和饰面板背面涂刷胶黏剂，必须涂刷均匀，静置数分钟后粘贴牢固，不得有离胶现象。

② 在没有木线掩盖的转角处，必须采用45°拼角，对于木饰面要求拼纹路的，按照图纸拼接好。

③ 如果是空缝或密缝的，按设计要求，空缝的缝宽应一致且顺直，密缝的拼缝紧密，接缝顺直，再在有木线的地方，按设计所选择的木线钉装牢固，钉帽凹入木面 1mm 左右，不得外露。

表面板材安装

第五步：清洁。

将多余的胶水及时清理擦净，清除表面污物后保护好。

墙面造型清洁

四 现场柜体制作安装（附视频）

现场柜体制作和安装包括活动柜体的制作安装和固定式柜体的制作安装。其中，活动柜体的制作安装工艺基本涵盖了固定式柜体的制作工艺。现以活动柜体的安装工艺为例进行讲解。

扫码看视频
3. 衣柜榫卯固定制作工艺

扫码看视频
4. 现场衣柜制作工艺讲解

第一步：柜身制作。

① 通常活动柜的柜身采用松木板，抽屉内身采用密度板。

② 开始制作柜身，首先制作两块 77cm×50cm×1.5cm 的柜身木板，然后再制作 8 块 45cm×12 cm×1.5cm 的松木抽屉挡板。

③ 再在柜身面板上画出安装抽屉的位置，并在上面制作圆木榫，最后把 8 块抽屉挡板组合在柜身面板上，形成了一个活动柜的柜身。

竖板钻眼（步骤一）

画出抽屉基线（步骤二）

安装侧边竖板（步骤三）

安装竖板（步骤四）

安装横板身（步骤五）

柜身组装完成（步骤六）

第二步：柜面包边。

① 柜身做好后，再制作一块 45cm×50cm×1.5cm 的松木板，用于作活动柜的柜面。如果没有这么大的整块松木板，可以用圆木榫拼接而成，然后再把柜面板固定在柜身上面。

② 再用圆木棒镶嵌柜边，圆木棒直径约 2cm，按要求切割两根长 50cm 和一根长 45cm 的圆木棒，然后在衔接处切出 45° 的接口，并在内侧涂上木工胶安装上去即可。

安装顶面横板（步骤一）

圆木棒切割 45°（步骤二）

涂上木工胶（步骤三）

包边完成（步骤四）

第三步：安装路轨。

① 用直尺在抽屉口上方 1.5cm 处标出抽屉路轨的位置，然后根据路轨的规格再标出安装螺丝孔的标记。

② 把轨道拆开，窄的安装在抽屉框架上，宽的安装在柜体上，安装时，注

标记路轨位置（步骤一）

安装轨道（步骤二）

意要分清前后。

③ 把柜体的侧板上的螺丝孔拧上螺丝，一个路轨分别用两个小螺丝一前一后固定。

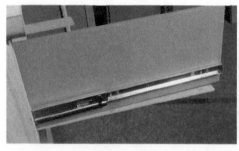

测试轨道（步骤三）

安装小螺丝固定（步骤四）

第四步：制作抽屉。

① 抽屉是由两块 46cm×13cm 和一块 41cm×13cm、厚 1.5cm 的密度板，加上一块抽屉底板，外加松木板的抽屉面板组合而成的。

准备抽屉板（步骤一）

组装抽屉（步骤二）

侧板安装，测试轨道（步骤三）

安装抽屉（步骤四）

② 首先用密度板制作好抽屉屉身，接口上涂上木工胶，然后安装上松木面板，并在接口上安装直角固定卡。如果条件允许，抽屉也可以采用松木板（或者更好的实木），然后用燕尾榫衔接，这样工艺更加精致，并且更加牢固。

第五步：打磨上漆。

① 在打造活动柜之前，要对柜子进行打磨。砂纸有粗砂纸和细砂纸，先用粗的，到一定程度后再用细的，达到最终要求即可。

安装抽屉固定件

② 在上油前一定要把打磨木料时浮在木料表面的木屑清理干净，用有一点点潮的棉布擦。最后就可以打底漆，刷漆了。

柜体打磨（步骤一）

柜体上漆（步骤二）

油漆晾晒（步骤三）

扫码看视频

5. 实芯门现场制作工艺

五 门窗安装（附视频）

室内门窗的安装步骤、方式基本一致，因此，只要了解了室内门的安装步骤和重点，便可掌握室内窗的安装。现以套装门的安装为例进行讲解。

第一步：组装门套。

① 门套横板压在两竖板之上，然后根据门的宽度确定两竖板的内径，比如门宽为80cm，两竖板的内径应该是80.8cm。

② 内径确定后，开始用钉枪固定，可选用5cm钢钉直接用枪打入。

③ 左右两面固定好后，可用刀锯在横板与竖板连接处开出一个贯通槽（方便线条顺利通上去）。

④ 请注意门套的正反两面均需开贯通槽，开好后，由两人抬起，将门套放入门洞。

测量门的内径（步骤一）

气钉枪固定（步骤二）

开贯通槽（步骤三）

门套固定（步骤四）

第二步：门套矫正。

① 先根据门的宽度截三根木条，比如门宽 80cm，木条的宽度应该是 80.8cm，取门套的上、中、下三点，将木条撑起，需注意木条的两端应垫上柔软的纸，防止校正的过程中划伤门套表面。

② 选门套的侧面，上、中、下三点分别打上连接片，连接片可直接固定在门套的侧面，厚 3.2cm 的门套有足够的握钉力，完全可以承重，保证连接片将门套与墙体紧紧连接，甚至不用发泡胶粘连都可以。

固定木条，矫正门套（步骤一）

衔接处垫上纸片（步骤二）

固定连接片（步骤三）

倾斜安装（步骤四）

③ 先固定外侧门套部分，可选用3.8cm钢钉，将连接片的另一头固定在墙体上，固定时将连接片斜着固定在墙体上，这样装好线条后，可以保证连接片不外露，这样既牢固又美观。

第三步：安装门板。

① 固定前可将支撑木条暂时取下，方便门板出入，待门安装上后再支撑起，先将合页安装在门板上，然后在门板底部垫约5mm的小板，将门板暂时固定在门套上面。

② 门板固定好后，可取下底部垫的小木板，试着将门关上，调整门左右与门套的间隙，根据需要将间隙加以调整，形成一条直线，宽3~4mm，然后依次将连接片与门套、墙体固定好。

安装合页（步骤一）

垫上小木板（步骤二）

固定合页（步骤三）

调整缝隙（步骤四）

第四步：安装门套装饰线。

① 切割门套装饰线条。

② 线条入槽，入槽时为避免损坏线条，可垫上柔软的纸，用锤子从根部轻轻砸入，先装两边，再装中间。

切割线条至合适长度（步骤一）

安装竖线条（步骤二）

敲击固定（步骤三）

安装横线条（步骤四）

第五步：安装门挡条。

① 将门挡条切成 45° 斜角。

② 将门关至合适位置，先钉门挡条横向部分，再钉竖向部分，独有的门挡条上自带密封条，既防震又消音。

③ 将门挡条上的扣线涂上胶水，干后扣入门挡条上面的槽中。

切割门挡条（步骤一）

安装横向门挡条（步骤二）

安装竖向门挡条（步骤三）

第六步：安装门锁和门吸。

① 从门的最下方向上测量 95cm 处是锁的中心位置，左右两面皆可。

② 门吸安装门开启的内侧，可固定在墙面上，也可固定在地面上。

安装门锁（步骤一）

安装门吸（步骤二）

门吸固定在墙面上（步骤三）

六 板式家具安装

第一步：腾出空间，拆开家具板件。

① 板式家具的体型较大，因此在安装之前，需要空出足够的空间用以组装家具。一般地点选择在客厅或卧室的中央。

② 拆开家具板件，检查零部件是否存在缺少和损坏等问题，如有应及时解决。

③ 在拆开板式家具的时候，一定要先拆除小件，也就是一些辅助性的

拆开家具板件

东西，最后在对大的框架进行拆除，不要本末倒置，防止大的部分散掉后损害小件部分。

第二步：组装家具框架。

① 将家具大小配件分类摆放，结构性部件摆放在一起，小部件摆放在一起，用于安装固定的螺丝等五金件摆放在一起。

② 组装结构性部件，以最大的板材（通常为背板、侧边）为中心进行组装。一边组装一边用螺丝等五金件固定。

③ 安装时需注意，应先预装再固定，避免拆改对家具造成损坏。

第三步：将家具框架固定在墙面中。

将组装好的家具框架固定在安装位置上，注意与墙面贴合严密，并采用膨胀螺栓固定起来。

固定家具框架

第四步：组装家具配件。

① 家具配件按照从大到小的原则安装，先安装家具内的横竖隔板，再安装抽屉等配件。

② 五金配件与抽屉等配件同时安装，等抽屉组装好之后，便安装滑轨、把手，然后将抽屉固定到家具中。

第五步：完工验收。

① 摇晃家具，看家具是否有晃动的迹象，看固定是否牢固。

② 悬挂在墙面中的板式家具，拉拽测试膨胀螺栓的固定效果。

安装家具配件

完工验收

七 木地板铺装（附视频）

第一步：地面找平。

地面的水平误差不能超过 2mm，超过则需要找平。如果地面不平整，不但会导致踢脚线有缝隙，整体地板也会不平整，并且有异响，还会严重影响地板质量。

扫码看视频

6. 实木地板安装细节

扫码看视频

7. 木地板安装及验收标准

第二步：基层加固处理。

对问题地面进行修复，形成新的基层，避免因为原有基层空鼓和龟裂而引起地板起拱。

第三步：撒防虫粉，铺防潮膜。

① 防虫粉主要起到防止地板被虫蛀的效果。防虫粉不需要满撒地面，可呈 U 字形铺撒，间距保持在 400~500mm 就可以。

基层加固处理

② 防潮膜主要起到防止地板发霉变形等作用。防潮膜要满铺地面，甚至在重要的部分可铺设两层防潮膜。

撒防虫粉

铺防潮膜

第四步：挑选地板颜色并确定铺装方向。

在铺装前，需将地板按照颜色和纹理尽量相同的原则摆放，在此过程中还可以检查地板是否有大小头或者端头开裂等问题。

第五步：铺装地板。

① 从边角处开始铺装，先顺着地板的竖向铺设，再并列横向铺设。

② 铺设地板时不能太过用力，否则拼接处会凸起来。在固定地板时，要注意地板是否有端头裂缝、相邻地板高差过大或者拼板缝隙过大等问题。

铺装地板

第六步：安装踢脚线。

① 踢脚线厚度必须能遮盖地板面层与墙面的伸缩缝。

② 安装时应与地板面层之间留 1mm 的间隙，以不阻碍地板膨胀。

③ 木质踢脚线阴阳角处应切割角后进行安装，接头处应锯割成 45° 固定。

踢脚线打胶（步骤一）

安装完成（步骤二）

八 软包施工

第一步：基层处理。

墙面基层应涂刷清油或防腐涂料，严禁用沥青油毡做防潮层。

第二步：安装木龙骨。

① 木龙骨竖向间距为 400mm，横向间距为 300mm；门框竖向正面设双排龙骨孔，距墙边 100mm，孔直径为 14mm，深度不小于 40mm，间距在 250~300mm 之间。

② 木楔应做防腐处理且不削尖，直径应略大于孔径，钉入后端部与墙面齐平；如墙面上安装开关插座，在铺钉木基层时应加钉电气盒框格。最后，用靠尺检查龙骨面的垂直度和平整度，偏差应不大于 3mm。

安装墙面横龙骨

安装墙面竖龙骨

第三步：安装三合板。

三合板在铺钉前应在板背面涂刷防火涂料。木龙骨与三合板接触的一面应抛光使其平整。用气钉枪将三合板钉在木龙骨上，三合板的接缝应设置在木龙骨上，钉头应埋入板内，使其牢固平整。

安装三合板

第四步：安装软包面层。

① 在木基层上画出墙、柱面上软包的外框及造型尺寸，并按此尺寸切割胶合板，按线拼装到木基层上。其中胶合板钉出来的框格即为软包的位置，其铺钉方法与三合板相同。

木工现场施工

安装软包面层

安装完成

② 按框格尺寸，裁切出泡沫塑料块，用建筑胶黏剂将泡沫塑料块粘贴于框格内。

③ 将裁切好的织锦缎连同保护层用的塑料薄膜覆盖在泡沫塑料块上，用压角木线压住织锦缎的上边缘，在展平织锦缎后用气钉枪钉牢木线，然后绷紧展平的织锦缎钉其下边缘的木线。最后，用锋刀沿木线的外缘裁切下多余的织锦缎与塑料薄膜。

第五节 木工施工现场快速验收

① 检查所有木工施工项目，应保证木工项目装修外表平坦，没有起鼓或破缺。

② 检查木作造型的转角是否精确。正常的转角都是 90° 的，特别木作装饰造型除外。

③ 检查木作拼花造型是否紧密、精确。精确的木作拼花要做到相互间无缝隙或保持同样的缝隙。

④ 检查木作造型弧度与圆度是否顺利、光滑。除了单独的木作造型外，多个相同的木作造型还要保证相同的弧度与圆度。

⑤ 检查柜体柜门开关是否正常。柜门敞开时，应操作简便、没有异声。

⑥ 固定的柜体接墙部通常应没有缝隙。

⑦ 检查木作造型结构是否平直。不管水平方向还是竖直方向，精致的木工造型做法都应是平直的。

⑧ 检查对称性的木作吊顶、木作墙面造型等项目是否对称。

⑨ 检查木作吊顶、墙面造型、隔墙等项目表面的钉眼有没有补好。

⑩ 检查吊顶天花角线连接处是否顺利，有无显著不对称和变形。

⑪ 检查铝扣板、PVC扣板等洗手间、厨房的天花板是否平坦、没有变形现象。

⑫ 检查柜门把手、锁具装置方位是否精确、敞开是否正常。

⑬ 检查卧室门及其他门扇敞开是否正常。处关闭状态时，上、左、右门缝应紧密，下门缝隙适度，通常以50mm为佳。

第六节 木工施工现场常见问题处理

（1）纸面石膏板接缝处开裂了怎么办？

答：为防止纸面石膏板开裂，首先要清除缝内的杂物，当嵌缝腻子初凝时，需要再刮一层较稀的腻子，厚度应控制在1mm左右，随即贴穿孔纸带，纸带贴好后放置一段时间，待水分蒸发后，在纸带上再刮一层腻子，把纸带压住，同时把接缝板面找平。

石膏板吊顶开裂

纸面石膏板吊顶容易出现的问题主要是在吊顶竣工后半年左右，纸面石膏板接缝处开始出现裂缝。解决的办法是石膏板吊顶时，要确保石膏板在无应力状态下固定。龙骨及紧固螺钉间距要严格按设计要求施工；整体满刮腻子时要注意，腻子不要刮得太厚。

（2）轻钢龙骨吊顶的防锈漆怎样涂刷？

答：轻钢骨架罩面板顶面，焊接处未做防锈处理的表面（如预埋件、吊挂件、连接件、钉固附件等），在交工前应刷防锈漆。此工序应在封罩面板前进行。

（3）吊顶时为什么对龙骨做防火、防锈处理？

答：在施工中应严格按要求对木龙骨进行防火处理，并要符合有关防火规定；对于轻钢龙骨，在施工中也要严格按要求对其进行防锈处理，并符合相关防锈规定。

如果一旦出现火情，火是向上燃烧的，吊顶部位会直接接触到火焰。因此如果木龙骨不进行防火处理，造成的后果不堪设想；由于吊顶属于封闭或半封闭的空间，通风性较差且不易干燥，如果轻钢龙骨没有进行防锈处理，也会很容易生锈，生锈了会影响使用寿命，严重的可能会导致吊顶坍塌。

（4）吊顶变形了怎么办？

答：湿度是影响纸面石膏板和胶合板开裂变形最主要的环境因素。在施工过程中存在来自各方面的湿气，使板材吸收周围的湿气，而在长期使用中又逐渐干燥收缩，从而产生板缝开裂变形。因此在施工中应尽量降低空气湿度，保持良好的通风，尽量等到混凝土含水量达到标准后再施工。在进行表面处理时，可对板材表面采取适当封闭措施，如滚涂一遍清漆，以降低板材的吸湿性。

（5）藻井式吊顶的龙骨施工，会遇到哪些问题？

答：① 龙骨松动：主要原因是固定不紧密，小龙骨连接长向龙骨和吊杆时，接头处最少应钉两个钉子，可同时辅以乳胶液黏结，提高黏结强度。

② 龙骨底面扭曲不平整：主要原因是小龙骨安装不正，卡档龙骨与小龙骨开槽位置不准，应进行返工，重新调整、安装。

③ 龙骨起拱、下沉：由施工时尺寸测量不准所致，应返工重装。龙骨起拱应控制在房间跨度的 1/200 以内。

藻井式吊顶

（6）阳台是采用木作吊顶好，还是刷漆好？

答：阳台顶面施工时，一般以铝扣板、PVC 板或生态木吊顶为主较好。因为阳台的通风性较强，可能还会种植植物、放置洗衣机或晾晒衣物，总体来说，湿气会比较大，特别是在冬天，如果是漆面的话，很可能会破坏顶面漆。

阳台生态木吊顶

（7）厨卫吊顶施工时，要注意哪些事项？

答：①使用新材料：在实际的施工进程当中，防水涂料、PVC 板材和铝塑板是在厨房、卫浴间吊顶中常使用的材料。防水涂料在施工中，有施工方便、造价比较低、色彩多样的特点，但在长期使用之后，有局部脱落与褪色的现象发生，性能也较不稳定，目前已很少使用，在吊顶型材中属于过渡性产品。而近年来渐渐兴起的材料是铝合金吊顶，色彩艳丽且不褪色、防火、环保无污染。

② 排风排湿系统：施工过程中更为主要的还有排风排湿系统的设置，使室内的潮湿空气得到及时的排放，一方面是能保护好吊顶材料及其结构，也能有效保护厨房及卫浴间内日益增加的电器设备，更为清洁工作提供了更多的方便。

（8）木工制作的衣柜内部分为几个区域合适？

答：衣柜的内部结构需要仔细推敲，根据业主的生活习惯，明确各个储藏区域，基本区域有上衣区，大衣区，裤子区，鞋区，被子区，领带、衬衣、内衣区。

（9）木工在现场制作柜体有哪些注意事项？

答：① 带柜门的柜子：应一张大芯板开条，再压两层面板。错误的施工方法是：一整张大芯板上直接做油漆或贴一张面板，这样容易变形。

② 买成品移门的柜子：注意留有滑轨的空间，滑轨侧面还需要做油漆，这样能保证衣柜内的抽屉可以自由拉出（抽屉稍微做高一点，不要让推拉门的下轨挡住）。

③ 衣柜门尺寸：衣柜门的尺寸，首先看衣柜门的宽度尺寸，平开门尺寸宽度最好在 450~600mm 之间，具体看门数来决定，推拉门尺寸在 600~800mm 之间最佳；

现场柜体制作

平开门的高度尺寸在 2200~2400mm 之间，超过 2400mm 可以设计加顶柜。推拉门的高度尺寸与平开门的尺寸一样，需要注意的是，在选择尺寸的时候，要考虑衣柜门的承重力。

④整体衣柜深度尺寸：整体衣柜的进深一般在 550~600mm，除去衣柜背板和衣柜门，整个衣柜的深度是在 530~580mm，这个深度是比较适合悬挂衣物的，不会因为深度太浅造成衣服的褶皱，挂衣服的空间也不会因此而感觉太狭窄。

（10）木墙裙现场施工会遇到哪些问题？

答：① 构造方面：如果龙骨数量少胶合板薄及质量差，可导致板面不稳，应增加术龙骨数量、缩小间距或改用厚胶合板。

② 施工方面：主要有拼缝处不平直，木纹花纹对花错乱，应拆下后刨修接缝处，调整板面位置，对花正确后重新安装。

木墙裙现场施工

第六章

油漆工现场施工

　　油漆工是家庭装修中最后进场的工种，施工内容分为两个部分，一个是墙面漆的施工，另一个是木作漆的施工。墙面漆施工有严格的顺序和步骤要求，先用石膏在墙面中局部找平，然后满批腻子，腻子需要批刮三遍，打磨一遍。待腻子完全干燥后，可选择在表面涂刷乳胶漆或者粘贴壁纸；木作漆施工指在木质家具的表面涂刷油漆，增加木质家具表面的平滑度，对家具起到保护作用。木作漆分为清漆和彩色漆（混油）两种，清漆可保留木作家具原始的纹理，而彩色漆则可将家具涂刷成任何一种颜色，常见的彩色漆为白色混油。

第一节 常用工具和材料

1. 油漆工常用工具

油漆工常用工具及使用说明如下表所示。

批灰刀	
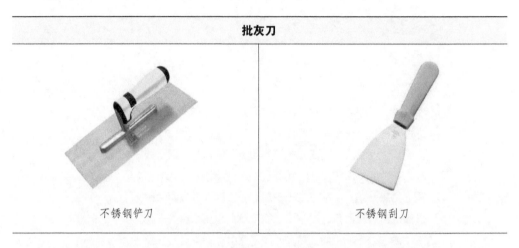	
不锈钢铲刀	不锈钢刮刀

批灰刀分为两种，一种是用于墙面抹灰的刮刀，另一种是用于挑出灰桶里面粉浆的铲刀，两种工具的材质有铁质和不锈钢制两种，是最基础的油漆工工具。在批灰施工中，批灰刀用于将双飞粉、腻子粉等粉浆刮抹于墙面上，找平墙面，减少墙面的粗糙感

滚筒刷	
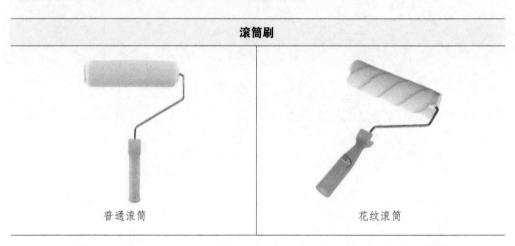	
普通滚筒	花纹滚筒

筒刷又称滚筒，分为长毛，中毛、短毛三种，由圆柱形滚轴和塑料手柄组成，主要用于墙面、顶面中的乳胶漆滚涂

肌理滚筒刷

现代花纹滚筒刷

欧式花纹滚筒刷

肌理滚筒刷可在墙面中滚涂出漂亮的、带有凹凸质感的花纹，相比较普通滚筒刷，肌理滚筒刷拥有更多的装饰变化性

砂纸夹板

羊毛刷

砂纸夹板是用于打磨的工具，使用时，将砂纸裁切成相应的大小，然后夹在砂纸夹板上进行打磨作业，相比较使用砂纸，打磨施工更方便

羊毛刷不仅可应用于涂料的涂刷作业，也可应用于油漆的涂刷作业，是油漆施工中最常用到的工具。优质羊毛刷的含漆量大、流平性好，能均匀地涂出涂料或油漆，使漆面表面平滑，厚薄一致，不易在涂刷表面留下刷纹和刷毛，施工时手感顺畅、耐用

阴阳角抹子

直角抹子

圆角抹子

阴阳角抹子主要用于墙面阴角、阳角平整度的修缮工作。阴阳角抹子又分为直角抹子和圆角抹子，如墙面需要设计圆角造型，便需要使用圆角抹子来完成施工作业

续表

喷漆枪 | 　喷漆枪是利用液体或压缩空气迅速释放作为动力的一种工具，主要用于墙面涂料的喷涂施工作业。喷漆枪喷涂的涂料，具有均匀、细腻，使用省事、省力等特点 |

2．油漆工常用材料

（1）乳胶漆

乳胶漆是水分散性涂料，它是以合成树脂乳液为基料，填料经过研磨分散后加入各种助剂精制而成的涂料，具备了与传统墙面涂料不同的众多优点，无毒无污染、色彩柔和漆膜耐水。

（2）硅藻泥

硅藻泥健康环保，不仅有很好的装饰性，还具有功能性，是替代壁纸和乳胶漆的新一代室内装饰材料。

白色乳胶漆

硅藻泥墙面装饰效果

（3）液体壁纸

液体壁纸是一种新型艺术涂料，也称壁纸漆，是集壁纸和乳胶漆特点于一体的环保水性涂料。不仅色彩均匀、图案完美，而且极富光泽。

（4）清漆

清漆涂刷木质表面可避免木质材料

液体壁纸墙面装饰效果

直接被硬物刮伤，产生划痕，可以有效防止阳光直晒木质家具而造成干裂。清漆按照环保性能可分为水性漆和油性漆，前者更环保，但硬度略逊于后者。

（5）彩色漆

包括白色和彩色两大类，即为常说的"混油"，最常见的是白色混油使用的白色漆，其施工技术成熟，且非常百搭。

（6）墙面漆腻子

在涂刷墙漆、涂料或粘贴壁纸之前，需要在墙面刮一到两层腻子，作用是为了遮盖底层的瑕疵以及随墙面进行找平，使表面的漆层更平整，涂刷效果更佳。墙面漆腻子分为耐水腻子和普通腻子。

| 清漆涂刷效果 | 涂刷白色混油的门板 | 腻子粉 |

（7）墙布

墙布也叫"壁布"，是裱糊墙面的织物，以棉布为底布，在底布上进行印花、轧纹浮雕处理或大提花制成不同图案。所用纹样多为几何图形和花卉图案，墙布的使用限制较多，不适合潮湿的空间，保养没有壁纸方便但效果自然。

| 无纺墙布 | 玻璃纤维墙布 |

| 刺绣墙布 | 锦缎墙布 |

（8）壁纸

壁纸是除了乳胶漆外，最常使用的一种家居墙面装饰材料，它与乳胶漆相比没有色差，看到的即是得到的效果。其施工简单，本身属于环保材料，无毒无害，但施工中使用的胶容易产生污染，可选择环保胶类来避免污染。

PVC 壁纸　　　　　　　　　　　　纯纸壁纸

木纤维壁纸　　　　　　　　　　　　植绒壁纸

第二节〉油漆施工质量要求

1. 墙面漆涂刷施工质量要求

① 腻子应与涂料性能配套，坚实牢固，不得产生粉化、起皮、裂纹等现象。卫生间等潮湿处应使用耐水腻子，涂液要充分搅匀，黏度太大可适当加水，黏度小可加增稠剂。施工温度要高于10℃。室内不能有大量灰尘，最好避开雨天施工。

② 基层处理是保证施工质量的关键环节，其中保证墙体完全干透是最基本的条件，一般应放置 10d 以上。墙面必须平整，最少应满刮两遍腻子至满足标准要求。

吊顶刮腻子

③ 乳胶漆涂刷的施工方法可以采用手刷、滚涂和喷涂。涂刷时应连续迅速操作，并一次刷完。

④ 涂刷乳胶漆时应均匀，不能有漏刷、流坠等现象。应涂刷一遍，打磨一遍。一般应涂刷两遍以上。

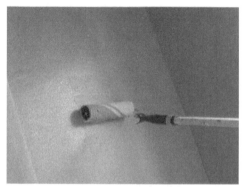
滚涂乳胶漆

乳胶漆打磨

⑤ 中、深色调和漆施工时尽量不要掺水，否则容易出现色差。亮光、丝光的乳胶漆要一次完成，否则修补的时候容易出现色差。

⑥ 原来墙面有的腻子最好铲除，或者刷一遍胶水封固。

⑦ 天气太潮湿的时候最好不要刷；同样，天气太冷，乳胶漆施工质量也会差一些。天气如果太热，一定要注意通风。

⑧ 乳胶漆的打磨要等完全干透后进行，下一道乳胶漆施工必须等前一道乳胶漆干透后进行。

⑨ 刷乳胶漆时，要用美纹纸贴住铰链和门锁，磨砂玻璃要用报纸保护好。

墙面的确良布施工

⑩ 踢脚线安装好后要用腻子和乳胶漆补一下缝。

2. 木器漆涂刷施工质量要求

① 打磨基层是涂刷清漆的重要工序，应首先将木器表面的尘灰、油污等杂质清除干净。

② 上润油粉也是清漆涂刷的重要工序，施工时用棉丝蘸油粉涂抹在木器的表面上，用手来回揉擦，将油粉擦入木材的孔眼内。

③ 涂刷清油时，手握油刷要轻松自然，手指轻轻用力，以移动时不松动、不掉刷为准。

④ 涂刷时要按照蘸次多、每次少蘸油、操作勤、顺刷的要求，依照先上后下、先难后易、先左后右、先里后外的顺序和横刷竖顺的操作方法施工。

涂刷清漆

⑤ 基层处理要按要求施工，以保证表面油漆涂刷质量，清理周围环境，防止尘土飞扬。油漆都有一定的毒性，对呼吸道有较强的刺激作用，施工时一定要注意做好通风。

⑥ 基层处理时，除清理基层的杂物外，还应进行局部的腻子嵌补，打砂纸时应顺着木纹打磨。

⑦ 在涂刷面层前，应用漆片（虫胶漆）对有较大色差和木脂的节疤处进行封底。应在基层涂干性油或清油，涂刷干性油层要所有部位均匀刷遍，不能漏刷。

⑧ 底子油干透后，满刮第一遍腻子，干后以手工砂纸打磨，然后补高强度腻子，腻子以挑丝不倒为准。涂刷面层油漆时，应先用细砂纸打磨。

砂纸打磨家具

第三节 油漆施工主要流程

石膏、腻子基层施工 ⟶ 乳胶漆施工 ⟶ 壁纸施工 ⟶ 木器涂刷

油漆施工主要流程

（1）石膏、腻子基层施工

基层施工之前需要清理墙面，然后视墙面的平整度选择大面积或局部石膏找平，待找平好之后，满墙刮腻子。通常情况下，腻子需要刮两遍。

（2）乳胶漆施工

乳胶漆需要等墙面腻子刮完、完全晾干后开始施工，乳胶漆需要涂刷两遍以上，可采用涂刷、滚涂和喷涂三种方式。涂刷具有灵活性强、施工简单、节省油漆等特点；滚涂具有施工效率高、节省施工时间等特点；喷涂具有速度快、涂层厚度均匀、手感光滑细腻、质量好等特点。

墙面刮腻子 乳胶漆喷涂施工

（3）壁纸施工

壁纸可直接粘贴在挂满腻子的墙面，因此粘贴壁纸的墙面不需要涂刷乳胶漆。壁纸的粘贴时间应选择在乳胶漆完工之后，这样可避免壁纸被乳胶漆弄脏。

（4）木器涂刷

木器涂刷指现场制作的一些家具，在表面涂刷油漆。木器涂刷施工时，应开窗通风，不仅可去除室内异味，同时可加快油漆的风干速度。但需要注意，涂刷油漆的家具不能挨近窗口，防止室外的灰尘、杂物等破坏到家具表面的油漆层。

粘贴壁纸施工 家具表面刷清漆

第四节　油漆工现场施工详解

一　石膏、腻子基层施工（附视频）

第一步：基层粉刷石膏。

根据平整度控制线，满刮基层粉刷石膏。粉刷石膏使用前，应按照说明书上的要求，将墙固、水、粉刷石膏按照一定的比例搅拌均匀，并在规定的时间

1. 墙面漆材料及工艺讲解

2. 墙面批灰防开裂工艺

范围内使用完毕。如果满刮厚度超过 10mm，将需要再满贴一遍玻纤网格布后，再继续满刮基层粉刷石膏。

第二步：面层粉刷石膏。

基层粉刷石膏干燥后，将面层粉刷石膏按照产品说明要求搅拌均匀，满刮在墙面上，将粗糙的表面填满补平。

第三步：第一遍刮腻子。

第一遍腻子厚度控制在 4~5mm，主要用于找平，平行于墙边方向依次进行施工。要求不能留槎，收头必须收得干净利落。

第四步：阴阳角修整。

刮腻子时，要求阴阳角清晰顺直。阳角用铝合金杆反复靠杆挤压成形；阴角采用专用工具操作，使其清晰顺直。

第五步：墙面打磨。

尽量用较细的砂纸，一般质地较松软的腻子（如 821）用 400~500 号的砂纸，质地较硬的（如墙衬、易刮平）用免粉尘太多，影响漆的附着力。墙面凹凸差不得超过 3mm。

基层粉刷石膏找平

面层粉刷石膏找补

阴阳角要求平直

3. 墙面挂网工艺

4. 吊顶接缝防开裂工艺

5. 吊顶刮腻子工艺详解

6. 墙面腻子打磨工艺

第六步：第二遍刮腻子。

第二遍腻子厚度控制在 3~4mm，第二遍腻子必须等底层腻子完全干燥并打磨平整后进行施工，平行于房间短边方向用大板进行满批，同时待腻子 6~7 成干时必须用橡胶刮板进行压光修面，来保证面层平整光洁、纹路顺直、颜色均匀一致。

腻子打磨施工　　　　　　　　　　　　　第二遍刮腻子

第七步：晾干腻子。

晾干腻子一般需要 3~5d，在这个期间，室内最好不要进行其他方面的施工，以防对墙面造成磕碰。在晾干的过程中，禁止开窗。

二 乳胶漆施工（附视频）

扫码看视频

7.乳胶漆底漆滚涂工艺

第一步：第一遍涂刷乳胶漆。

① 涂料在使用前应用手提电动搅拌枪充分搅拌均匀。如稠度较大，可适当加清水稀释，但每次加水量应一致，不能稀稠不一。

② 将涂料倒入托盘，用涂料滚子蘸料涂刷第一遍。滚子应横向涂刷，再纵向滚压，将涂料赶开，涂平。

③ 滚涂顺序一般是从上到下，从左到右，先远后近，先边角棱角、小面后大面。要求厚薄均匀，防止涂料过多流坠。

第二步：第二遍涂刷乳胶漆。

① 操作方法同第一遍涂刷时一样。

② 使用前充分搅拌，如不是很稠，不宜加水，以防透底。漆膜干燥后，用细砂纸将墙面小疙瘩打磨掉，磨光滑后清扫干净。

第三步：第三遍涂刷乳胶漆。

① 操作方法同第一遍涂刷时一样。

② 由于乳胶漆膜干燥较快，应连续迅速地操作，涂刷时从一头开始，逐渐刷向另一头，要上下顺刷互相衔接，后一排笔紧接前一排笔，避免出现干燥后接头。

Tips　排刷、滚涂和喷枪三种施工对比

① 排刷最省料，但比较费时间，墙面效果最后是平的。由于乳胶涂料干燥较快，每个刷涂面应尽量一次完成，否则易产生接痕。

② 用滚刷进行滚涂的作业，在效果、节省材料等各方面都是比较普通的，比较浪费乳胶漆，效果也不是最好，但是相对而言，这是性价比较高的施工方式。

③ 喷枪的效果会比较好，墙面会出现颗粒状，施工效果比较自然、速度快、省时，但是有缺陷时不太容易修补。

排刷施工

滚涂施工

喷枪施工

三 壁纸施工

第一步：调制基膜，在墙面均匀涂刷。

① 基膜是一种专业抗碱、防潮、防霉的墙面处理材料，将其涂刷在墙面上，能有效地防止施工基面的潮气水分及碱性物质外渗，导致壁纸发霉。

② 刷基膜一般首先需要准备好盛基膜的容器，加入适当的清水，搅拌均匀，调到合适浓度，以备涂刷。

③ 利用滚筒和笔刷将基膜刷到墙面基层上面。可以先用滚筒大面积地刷，边角地方则用笔刷刷，以确保每个角落都刷上了基膜。壁纸基膜最好提前一天刷，不过如果气温较高，基膜在短时间内能干也可以安排在同一天。

倒入基膜（步骤一）

搅拌基膜（步骤二）

墙面滚刷（步骤三）

避开插座电源线（步骤四）

第二步：调制壁纸胶水。

壁纸胶水一般是通过调配胶粉和胶浆制成的。调制的方法是取胶粉倒入盛水的容器中，调成米粉糊状，放置大约半个小时。如果调稀了，再加一点胶粉。最后用一根筷子竖插到容器里试试，不会马上倒就说明胶水浓度可以了，然后再加入胶浆，拌匀，以增加胶水黏性。

倒入胶粉（步骤一）　　搅拌胶粉（步骤二）　　加入透明胶浆（步骤三）　　搅拌均匀（步骤四）

第三步：裁剪壁纸，涂壁纸胶。

① 测量墙面的高度、宽度，计算需要用多少卷数壁纸，同时确定壁纸的裁切方式。

② 根据测量的墙面高度，用壁纸刀裁剪壁纸。裁剪好的壁纸需要按次序摆放，不能乱放，否则壁纸将会很容易出现色差问题。一般情况下，可以先裁 3 卷壁纸先试贴。

③ 将壁纸胶水用滚筒或毛刷刷涂到裁好的壁纸背面。涂好胶水的壁纸需面对面对折，将对折好的壁纸放置 5~10min，使胶液完全渗入纸底。

  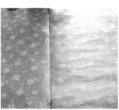 

测量壁纸（步骤一）　　裁切壁纸（步骤二）　　试拼，对接花纹（步骤三）　　壁纸标记（步骤四）

滚涂壁纸胶（步骤五）　　　壁纸对折（步骤六）　　　按规矩堆放（步骤七）

第四步：铺贴壁纸，修理边角。

① 铺贴的时候可先弹线保证横平竖直，铺贴顺序是先垂直后水平，先上后下，先高后低。铺贴时用刮板（或马鬃刷）由上向下、由内向外地轻轻刮平壁纸，挤出气泡与多余胶液，使壁纸平坦紧贴墙面。

② 壁纸铺贴好之后，需要将上下左右两端以及壁纸贴合重叠处的壁纸裁掉。最好选用刀片较薄、刀口锋利的壁纸刀。

③ 对于电视背景墙上的开关插座位置的壁纸裁剪，一般是从中心点割出两条对角线，就会出现 4 个小三角形，再用刮板压住开关插座四周，用壁纸刀将多余的壁纸切除。

④ 如果有胶水渗出，需要用海绵蘸水擦除。

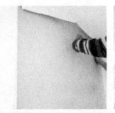   

铺贴壁纸（步骤一）　刮板挤出气泡（步骤二）　墙面阴角处理（步骤三）　顶面阴角处理（步骤四）

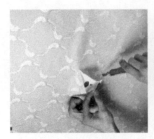  

裁切十字口（步骤五）　　　露出面板（步骤六）　　　　铺贴完成（步骤七）

四 木器涂刷（附视频）

木器涂刷分为清漆和色漆涂刷两种方式，两者除了在材料上的区别外，工序基本一致。因此，木器涂刷施工本书以清漆涂刷步骤为例进行讲解。

扫码看视频

8. 混油喷漆细节工艺

扫码看视频

9. 混油喷漆验收细节

第一步：基层处理。

① 先将木材表面上的灰尘、胶迹等用刮刀刮除干净，但应注意不要刮出毛刺且不得刮破。然后用 1 号以上的砂纸顺木纹精心打磨，先磨线角、后磨平面直到光滑为止。

扫码看视频

10. 木器漆打磨工艺

基层处理

② 当基层有小块翘皮时，可用小刀撕掉；如有较大的疤痕则应由木工修补；节疤、松脂等部位应用虫胶漆封闭，钉眼处用油性腻子嵌补。

第二步：润色油粉。

用棉丝蘸油粉反复涂于木材表面。擦进木材的棕眼内，然后用棉丝擦净，应注意墙面及五金上不得沾染油粉。待油粉干后，用 1 号砂纸顺木纹轻轻打磨，先磨线角后磨平面，直到光滑为止。

第三步：刷油色。

先将铅油、汽油、光油、清油等混合在一起过筛，然后倒在小油桶内，使用时要经常搅拌，以免沉淀造成颜色不一致。

刷油色

刷油的顺序应从外向内、从左到右、从上到下且顺着木纹进行。

第四步：刷第一遍清漆。

① 其刷法与刷油色相同，但刷第一遍清漆应略加一些稀料撤光以便快干。因清漆的黏性较大，最好使用已经用出刷口的旧棕刷，刷时要少蘸油，以保证不流、不坠、涂刷均匀。

② 待清漆完全干透后，用 1 号砂纸彻底打磨一遍，将头遍漆面上的光亮基本打磨掉，再用潮湿的布将粉尘擦掉。

刷清漆

第五步：拼色与修色。

① 木材表面上的黑斑、节疤、腻子疤等颜色不一致处，应用漆片、酒精加色调配或用清漆、调和漆和稀释剂调配进行修色。

拼色与修色

② 木材颜色深的应修浅，浅的应提深，将深色和浅色木面拼成一色，并绘出木纹。最后用细砂纸轻轻往返打磨一遍，然后用潮湿的布将粉尘擦掉。

第六步：刷第二遍清漆。

清漆中不加稀释剂，操作同第一遍，但刷油动作要敏捷、多刷多理，使清漆涂刷得饱满一致、不流不坠、光亮均匀。刷此遍清漆时，周围环境要整洁。

完成效果

第五节〉油漆工施工现场快速验收

1. 乳胶漆施工验收标准

① 乳胶漆涂刷使用的材料品种、颜色应符合设计要求。

② 涂刷面颜色一致，无砂眼、无刷纹，不允许有透底、漏刷、掉粉、皮碱、起皮、咬色等质量缺陷。

③ 使用喷枪喷涂时，喷点应疏密均匀，不允许有连皮现象，不允许有流坠，手触摸漆膜应光滑、不掉粉，门窗及灯具、家具等应洁净，无涂料痕迹。

④ 侧视平整无波浪状，墙面如修补应整墙补刷。

⑤ 检查表面是否平整、反光均匀，没有空鼓、起泡、开裂等现象。

⑥ 木质和石膏板天花的油漆一般为乳胶漆，应表面平整，板接处没有裂缝。

⑦ 检查乳胶漆墙面是否没有污染、没有脏迹存在。

2. 壁纸施工验收标准

① 壁纸墙布必须黏结牢固，无空鼓、翘边、皱折等缺陷。

② 壁纸表面应平整，无波纹起伏。壁纸色泽应一致，无斑污，无明显压痕。

③ 壁纸各幅拼接应横平竖直，图案端正，拼缝处图案花纹吻合，距墙 1m 处正视无明显接缝，阴角处搭接顺光，阳角无接缝，角度方正，边缘整齐无毛边。

④ 壁纸与挂镜线、贴脸板、踢脚板、电气槽盒等交接处应交接严密，无缝隙，无漏贴和补贴，活动件四周及挂镜线、贴脸板、踢脚板等处边缘切割整齐、顺直、无毛边。

⑤ 铺贴好的壁纸应表面平整挺秀、拼花正确、图案完整、连续对称，无色差、无胶痕，面层无飘浮，经纬线顺直。

3. 油漆施工验收标准

① 漆面木纹清晰，木材的纹路没有被遮盖。

② 漆面颜色均匀无色差。漆面擦色是否均匀，是否存在色彩深浅不一致的情况。

③ 用手轻摸漆面，感觉是否平滑，厚度是否均匀。同时查看漆面饱和度、丰满度是否良好。查看漆面的光泽度，仔细观察反光是否均匀。

④ 漆面无发白、起粒、针孔、裂纹等缺陷。

⑤ 侧面、底面等无刷涂不到位。

⑥ 检查装饰线、分色线是否平直。

⑦ 查看同木器相邻的五金件等是否洁净。

第六节 油漆施工现场常见问题处理

（1）乳胶漆出现气泡怎么办？

答：主要原因有基层处理不当，涂层过厚，特别是大芯板做基层时容易出现起泡。防止的方法除涂料在使用前要搅拌均匀，掌握好漆液的稠度外，可在涂刷前在底腻子层上刷一遍108胶水。在返工修复时，应将起泡脱皮处清理干净，先刷108胶水后再进行修补。

乳胶漆起泡

（2）乳胶漆反碱掉粉怎么办？

答：主要原因是基层未干燥就潮湿施工，未刷封固底漆及涂料过稀也是重要原因。如发现反碱掉粉，应返工重涂，将已涂刷的材料清除，待基层干透后再施工。施工中必须用封固底漆先刷一遍，特别是对新墙，面漆的稠度要合适，白色墙面应稍稠些。

（3）乳胶漆流坠怎么办？

答：主要原因是涂料黏度过低，涂层太厚。施工中必须调好涂料的稠度，不能加水过多，操作时排笔一定要勤蘸、少蘸、勤顺，避免出现流挂、流淌。如发生流坠，需等漆膜干燥后用细砂纸打磨，清理饰面后再涂刷一遍面漆。

（4）乳胶漆涂层不平滑怎么办？

答：主要原因是漆液有杂质、漆液过稠、乳胶漆质量差。在施工中要使用流平性好的品牌漆，最后一遍面漆涂刷前，漆液应过滤后使用。漆液不能过稠，发生涂层不平滑时，可用细砂纸打磨光滑后，再涂刷一遍面漆。

（5）乳胶漆透底怎么办？

答：主要是涂刷时涂料过稀、次数不够或材料质量差。在施工中应选择含固量高、遮盖力强的产品，如发现透底，应增加面漆的涂刷次数，以达到墙面要求的涂刷标准。

（6）基膜施工后掉落在地面上的基膜应如何清除？

答：如果基膜未干，则可直接用湿毛巾擦掉；如果掉落在地面上的基膜已干透成膜，则可采取以下两种方法予以清除。

① 加热法：由于基膜是一种高聚合物，因此可采用电吹风对着基膜进行加热，软化基膜后，即可轻松掀揭、清除。小面积基膜痕迹的清除，推荐采用这种环保的方法。

② 溶解法：用干布或毛巾蘸取专用的基膜清洁剂，在基膜的涂层上进行擦拭，即可溶解后清除。专用基膜清洁剂为一种对基膜具有强溶解力的高效清洁剂，但其气味较大，使用时应注意通风。由于气味较大，一般情况下不推荐使用。

（7）在什么情况下，基膜涂刷上墙后会产生"起粉"现象？

答：① 在粉化型的不耐水腻子墙面。这种墙面的腻子层疏松、腻子的黏结强度低、表面粉化满布粉屑、毛细孔多而吸水力强。当涂刷基膜，基膜将粉屑包裹着留在墙面上形成粗糙表面，人们误以为基膜产生了粉化。因此要求这种墙面在涂刷基膜前必须先检查墙面腻子和光洁度，以免影响施工效果。

② 在低温的施工条件下，由于施工墙体的温度过低，降低了基膜的连续成膜性能，再加上低温时基膜的干燥速度慢，在基膜未完全固化成膜以前，表面摸起来有"起粉"的感觉。这时应适当延长干燥时间或添加"基膜冬季成膜加强剂"使用，以促进基膜的低温成膜性能。

（8）壁纸接缝处出现明显胶痕怎么办？

答：接缝处的胶液如未擦干净，曝露在空气中时间长了，因受氧化的关系胶液颜色会变深而产生胶痕。

其处理方法如下。

① 对于PVC墙纸、布基墙布等耐腐蚀、耐擦洗的壁纸类型，可使用专用的壁纸清洁剂进行清洁，注意：这些清洁剂具有一定的腐蚀性。

② 对于纯纸、无纺类壁纸，可先用干净的白色毛巾蘸取洗衣皂的兑水溶液在胶痕上进行擦拭，再使用湿毛巾擦拭即可清除。

（9）纯纸和无纺墙纸施工后产生"烧纸"现象的原因是什么？

答：这些类型的墙纸本身就对酸性和碱性物质敏感，墙纸中含有的对酸碱敏感的金属物质和水墨材料等，与酸碱性物质能发生反应，从而引起墙纸颜色的改变，形成"烧纸"现象。其相应的解决方案具体可从以下 3 个方面进行。

① 应确保墙面已经彻底封闭处理好，隔绝从墙体中返渗出来的碱性物质。可通过涂刷基膜等手段，将墙面完全封闭好，涂刷遍数在两次以上为宜。切记一定不能漏涂！（有时，基膜涂刷前还需涂刷 1~2 遍白醋，以降低墙体表面的碱性，视不同地区的墙面情况而选择是否采用。）

② 选用酸碱度为中性的胶黏产品来粘贴壁纸。

③ 粘贴施工时采用"干贴法"，将中性的胶黏产品均匀地涂刷在经过封闭处理的墙面上，然后用墙纸直接在墙面上进行粘贴操作。施工过程中，应避免胶液溢出纸面。

第七章
洁具与灯具安装

　　洁具与灯具属于家庭装修中的后期安装项目，洁具指洗脸盆、坐便器、浴缸等卫生间用具，灯具指吊灯、吸顶灯、射灯、暗光灯带以及浴霸等照明用具。洁具与灯具的安装施工人员不同，洁具通常由厂商或洁具商家派人安装，而灯具则由电工或灯具商家派人安装。洁具与灯具的安装细节需要注意：洁具的安装重点在密封；灯具的安装重点在接线和固定。在安装过程中，只要按照指定的步骤施工，基本可以保证在后期的使用中不会出现问题。

第一节 洁具安装

一 水龙头安装（附视频）

扫码看视频

1. 阳台水龙头
进水管安装

第一步：连接进水管。

先把两条进水管接到水龙头的进水口处，如果是单控龙头只需要接冷水管。

第二步：安装水龙头。

把水龙头安装到面盆上，面盆的开口处放入进水管。

第三步：安装固定件。

把紧固件固定上，并把螺杆、螺母旋紧。

第四步：安装完毕后检查。

首先仔细查看水龙头出水口的方向是否垂直向下，若出水口方向不垂直，或向一侧倾斜，应及时调节、纠正，然后检查水龙头与进水管的连接处是否漏水，以及螺杆、螺母是否旋紧。

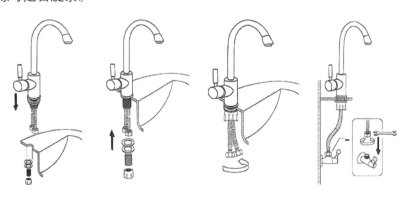

水龙头安装步骤图解

二 洗脸盆安装

1. 台上盆安装详解

第一步：测量台上盆尺寸。

安装台上盆前，要先测量好台上盆的尺寸，再把尺寸标注在柜台上，沿着标注的尺寸切割台面板，方便安装台上盆。

第二步：安装落水器。

接着把台上盆安放在柜台上，先试装上落水器，使得水能正常冲洗流动、锁住固定。

第三步：上玻璃胶。

安装好落水器后，就沿着盆的边沿涂上玻璃胶，使得台上盆可以固定在柜台面板上面。

第四步：安装台上盆。

涂上玻璃胶后，将台上盆安放在柜台面板上，然后摆正位置。

2. 台下盆安装详解

第一步	在切割图上把面盆的图纸截下	
第二步	将切割图的轮廓描绘在台面上	
第三步	切割面盆的安装孔及打磨	
第四步	按照安装的龙头和台面尺寸正确切割龙头安装孔	
第五步	台面支架安装	

续表

第六步	把洗脸盆暂时放入已开好的台面安装口内，检查间隙，并做好记号	
第七步	在洗脸盆边缘上口涂上硅胶密封材料后，把洗脸盆小心放入台面下，对准安装孔，跟先前的记号相校准并向上压紧，并使用厂家随货附带的脸盆与台面的连接件，将洗脸盆与台面紧密连接	
第八步	等密封胶硬化后，安装水龙头，然后连接进水和排水管件	

三 坐便器安装（附视频）

扫码看视频
2. 坐便器现场安装详解

第一步：裁切下水管口。

根据坐便器的尺寸，把多余的下水口管道裁切掉，一定要保证排污管高出地面 10mm 左右。

第二步：确定坐便器坑距。

确认墙面到排污孔中心的距离，确定该尺寸与坐便器的坑距一致，同时确认排污管中心位置并画上十字线。

第三步：在排污口上画十字线。

翻转坐便器，在排污口上确定中心位置并画出十字线，或者直接画出坐便器的安装位置。

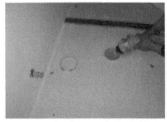

裁切多余下水管口

测量坐便器坑距

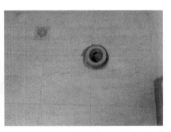

确定排污口

第四步：安装法兰。

确定坐便器底部安装位置，将坐便器下水口的十字线与地面排污口的十字线对准，保持坐便器水平，用力压紧法兰（没有法兰要涂抹专用密封胶）。

第五步：安装坐便盖。

将坐便盖安装到坐便器上，保持坐便器与墙间隙均匀，平稳端正地摆好。

把法兰套到坐便器排污管上

安装坐便盖

第六步：坐便器周围打胶。

坐便器与地表面交汇处，用透明密封胶封住，可以把卫生间局部积水挡在坐便器的外围。

第七步：安装角阀和连接软管。

先检查自来水管，放水 3~5min 冲洗管道，以保证自来水管的清洁，之后安装角阀和连接软管，将软管与水箱进水阀连接并按通水源，检查进水阀进水

给坐便器周围打胶

及密封是否正常，检查排水阀安装位置是否灵活、有无卡阻及渗漏，检查有无漏装进水阀过滤装置。

四 淋浴花洒安装

第一步：关闭总阀门，清理污水。

关闭总阀门，将墙面上预留的冷、热进水管的堵头取下，打开阀门放出水管内的污水。

第二步：处理阀门，缠上生料带。

将冷、热水阀门对应的弯头涂抹铅油，缠上生料带，与墙上预留的冷、热水管头对接，用扳手拧紧。

第三步：测试、安装淋浴器阀门。

将淋浴器阀门上的冷、热进水口与已经安装在墙面上的弯头试接，若接口吻合，把弯头的装饰盖安装在弯头上并拧紧，再将淋浴器阀门与墙面的弯头对齐后拧紧，扳动阀门，测试安装是否正确。

弯头缠生料带

阀门与弯头试接

安装装饰盖

测试安装

第四步：试装淋浴器连接杆。

将组装好的淋浴器连接杆放置到阀门预留的接口上，使其垂直直立。

第五步：标记、安装淋浴器连接杆固定螺丝。

将连接杆的墙面固定件放在连接杆上部的适合位置上，用铅笔标注出将要安装螺丝的位置，在墙上的标记处用冲击钻打孔，安装膨胀塞。

第六步：安装淋浴器连接杆。

将固定件上的孔与墙面打的孔对齐，用螺丝固定住，将淋浴器上连接杆的下方在阀门上拧紧，上部卡进已经安装在墙面上的固定件上。

第七步：弯管的管口缠上生料带，固定喷淋头。

第八步：安装手持喷头的连接软管。

第九步：清除水管中的杂质。

安装完毕后，拆下起泡器、花洒等易堵塞配件，让水流出，将水管中的杂质完全清除后再装回。

安装好之后的成品

五 浴缸安装

第一步：测试水平度。

把浴缸抬进浴室，放在下水的位置，用水平尺检查水平度，若不平可通过浴缸下的几个底座来调整水平度。

第二步：安装浴缸排水管。

将浴缸上的排水管塞进排水口内，多余的缝隙用密封胶填充上。

第三步：安装软管和阀门。

将浴缸上面的阀门与软管按照说明书示意连接起来，对接软管与墙面预留的冷、热水管的管路及角阀，用扳手拧紧。

第四步：拧开控水角阀，检查有无漏水。

第五步：安装手持花洒和去水堵头。

第六步：固定浴缸。

测试浴缸的各项性能，没有问题后将浴缸放到预装位置，与墙面靠紧。

第七步：用玻璃胶将浴缸与墙面之间的缝隙密封。

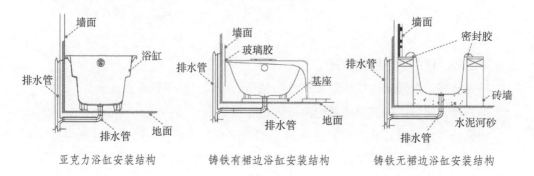

亚克力浴缸安装结构　　　　铸铁有裙边浴缸安装结构　　　　铸铁无裙边浴缸安装结构

六 地漏安装（附视频）

第一步：摆好地漏，确定其准确的位置。

第二步：画线、标记地漏位置。

根据地漏的位置开始画线，确定待切割的具体尺寸（尺寸务必精确），对周围的瓷砖进行切割。

第三步：安装地漏主体。

以下水管为中心，将地漏主体扣压在管道口，用水泥或建筑胶密封好。地漏上平面低于地砖表面 3~5mm 为宜。

扫码看视频

3. 地漏切割、安装全过程

均匀涂抹水泥

安装扣严

第四步：安装防臭芯塞。

将防臭芯塞进地漏体，按紧密封，盖上地漏箅子。

安装防臭芯塞

盖上地漏箅子

第五步：测试坡度以及地漏排水效果。

安装完毕后，可检查卫生间泛水坡度，然后再倒入适量水看是否排水通畅。

测量坡度

倒水检查

七 净水器安装

净水器安装原理可参考下面示意图操作。

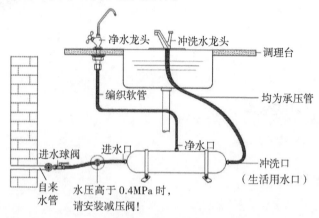

净水器安装示意图

净水器的具体安装操作如下。

第一步	检查零配件是否齐全	
第二步	将主机与滤芯连接好	
第三步	装 RO 膜，用适当的扳手拧好各接头及滤排瓶	
第四步	将压力桶取出，将压力桶小球阀安装在压力桶的进出水口。注意不能旋转得太紧，否则容易开裂	
第五步	将水龙头安装到水槽适当的位置之上，固定好水龙头，然后将 2 分（2 分 =dn8）水管插入与水龙头连接口	

续表

第六步	剪适当的水管将各原水、纯水、压力桶、废水管分别连接好	
第七步	将进水总阀关闭，把进水三通及 2 分球阀安装好。注意冷热进水管千万不能搞混了，RO（反渗透）机进水为冷水。安装前检测水压，如高于 0.4MPa 需加装减压阀	
第八步	先将主机与压力桶连接好，再将主机与进水口连接好，剪适当长度的管子连接于废水出口处，另一端与下水道连接，然后用扎带固定好废水管	
第九步	理顺各接好的水管，并用扎带扎好，将压力桶与主机摆放好，并将各水管理顺，插上电源打开水源。注意一定要仔细检查水管是否理顺，防止水管弯折	
第十步	打开压力桶球阀并检查各接头是否渗水	
第十一步	净水器安装完成效果	

第二节 灯具安装

一 灯具安装通用要求

各灯具的安装作业均须断电进行，具体安装要求如下表所示。

序号	内容
1	灯具及配件应齐全，无机械损伤、变形、油漆剥落和灯罩破裂等缺陷

续表

序号	内容
2	安装灯具的墙面、吊顶上的固定件的承载力应与灯具的重量相匹配
3	吊灯应装有挂线盒，每只挂线盒只可装一套吊灯
4	吊灯表面不能有接头，导线截面不应小于 $0.4mm^2$。质量超过 1kg 的灯具应设置吊链，质量超过 3kg 时，应采用预埋吊钩或螺栓方式固定
5	吊链灯具的灯线不应承受拉力，灯线应与吊链编在一起
6	荧光灯作光源时，镇流器应装在火线上，灯盒内应留有余量
7	螺口灯头火线应接在中心触点的端子上，零线应接在螺纹的端子上，灯头的绝缘外壳应完整、无破损和无漏电现象
8	固定花灯的吊钩，其直径不应小于灯具挂钩，且灯的直径不得小于 6mm
9	采用钢管作为灯具吊杆时，钢管内径不应小于 10mm；钢管壁厚度不应小于 1.5mm
10	以白炽灯作光源的吸顶灯具不能直接安装在可燃构件上；灯泡不能紧贴灯罩；当灯泡与绝缘台之间的距离小于 5mm 时，灯泡与绝缘台之间应采取隔热措施
11	软线吊灯的软线两端应做保护扣，两端芯线应搪锡
12	同一室内或场所成排安装的灯具，其中心线偏差不应大于 5mm
13	灯具固定应牢固。每个灯具固定用的螺钉或螺栓不应少于 2 个

二 吊灯、吸顶灯组装与安装

吊灯与吸顶灯的安装方法相同。以吸顶灯为例，其安装要点如下。

第一步：对照灯具底座画好安装孔的位置，打出尼龙栓塞孔，装入栓塞。

第二步：将接线盒内电源线穿出灯具底座，用线卡或尼龙扎带固定导线以避开灯泡发热区。

固定膨胀螺栓   固定导线

第三步：用螺钉固定好底座。

第四步：安装灯泡。

固定底座   安装灯泡

第五步：测试灯泡。

第六步：安装灯罩。

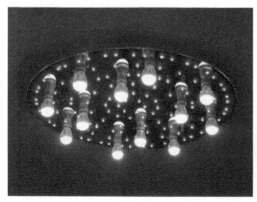

测试灯泡   安装灯罩

第七步：完成效果图。

完成效果

三 筒灯、射灯安装

第一步：开孔定位，吊顶钻孔。

第二步：接线。

将导线上的绝缘胶布撕开，并与筒灯相连接。

根据吊顶画线位置开孔

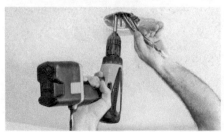

接线

Tips　筒灯开孔尺寸

灯具直径	开孔尺寸
Φ125	Φ100
Φ150	Φ125
Φ175	Φ150

第三步：将筒灯安装进吊顶内，并按压严实。

第四步：开关筒灯，测试筒灯照明是否正常。

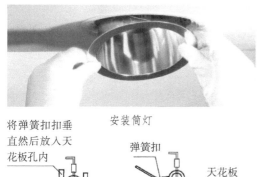

安装筒灯

将弹簧扣扣垂直然后放入天花板孔内

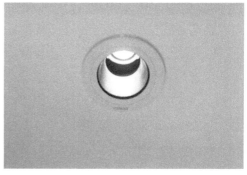

弹簧扣

天花板

筒灯安装细节示意

测试筒灯

四 暗藏灯带安装

第一步：将吊顶内引出的电源线与灯具电源线的接线端子可靠连接。

第二步：将灯具电源线插入灯具接口。

第三步：将灯具推入安装孔或者用固定带固定。

连接电源线与接线端子

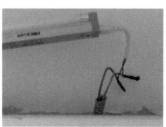

接入电源线

固定灯具

第四步：调整灯具边框。

第五步：完成效果图。

调整边框

完成效果

五 浴霸安装

第一步：准备工作。

确定浴霸类型；确定浴霸安装位置；开通风孔（应在吊顶上方150mm处）；安装通风窗；吊顶准备（吊顶与房屋顶部形成的夹层空间高度不得小于220mm）。

第二步：取下浴霸面罩。

取下面罩，把所有灯泡拧下，将弹簧从面罩的环上脱开并取下面罩。

第三步：接线。

交互连软线的一端与开关面板接好，另一端与电源线一起从天花板开孔内拉出，打开箱体上的接线柱罩，按接线图及接线柱标志所示接好线，盖上接线柱罩，用螺栓将接线柱罩固定，然后将多余的电线塞进吊顶内，以便箱体能顺利塞进孔内。

连接通风管

第四步：连接通风管。

把通风管伸进室内的一端拉出套在离心通风机罩壳的出风口上。

第五步：安装箱体。

根据出风口的位置选择正确的方向，把浴霸的箱体塞进孔穴中，用4颗直径为4mm、长20mm的木螺钉将箱体固定在吊顶木档上。

安装箱体

第六步：安装面罩。

将面罩定位脚与箱体定位槽对准后插入，把弹簧勾在面罩对应的挂环上。

第七步：安装灯泡。

小心地旋上所有灯泡，使之与灯座保持良好的接触，然后将灯泡与面罩擦拭干净。

安装面罩

第八步：固定开关。

将开关固定在墙上，并防止使用时电源线承受拉力。

安装灯泡